JN116235

金属アーク溶接等作業主任者テキスト

特定化学物質障害予防規則対応

日本溶接協会 安全衛生・環境委員会 編

産報出版

まえがき

アーク溶接技術は，金属と金属を接合するための重要な技術として進歩・発展をとげております。アーク溶接では，高温を得るために，電極と母材間にアーク放電を行っています。そのアークの温度は5,000℃から20,000℃に達し，母材および電極ワイヤが溶融します。電極ワイヤから溶融離脱した溶融金属が母材に溶着することにより，接合は行われます。しかし，この高温により，電極ワイヤなどから離脱した溶着金属が蒸気化し，金属蒸気となります。これが，シールドガスや大気などにより，冷却され，凝固して微粒子となり，それらが凝集するなどして，溶接ヒュームとなります。これに長期間，さらされる（ばく露する）とじん肺の原因となります。この健康障害から溶接作業者を守るために，粉じん障害防止規則が溶接作業に適用されております。

近年，さまざまな研究により，溶接ヒュームに含まれているマンガン化合物を長期間ばく露すると神経機能障害を生じることが報告されております。また，マンガン自体は発がん性に関して，SDSでは区分外となっており，発がん性の危険はないと考えられます。しかし，溶接ヒュームはアーク光とともに，国際がん研究機関（IARC）により，グループ1（ヒトに対して発がん性がある）と分類されております。この発がん性および神経機能障害などの健康障害を勘案し，令和2年に溶接ヒュームが特定化学物質の管理第2類物質に追記されました。

これを対象とした特定化学物質障害予防規則が令和3年4月1日より施行されました。この規則に関して，有効な呼吸用保護具選択，フィットテスト，特定化学物質作業主任者の選任などが義務化されました。この作業主任者の資格を得るためには，特定化学物質及び四アルキル鉛等作業主任者技能講習（特化物技能講習）を受講し，修了しなければなりません。しかし，金属アーク溶接等作業者は溶接作業にのみ従事している場合が多く，溶接ヒューム以外の化学物質を取り扱うことがありません。これらのことを考慮し，化学物質関係作業主任者技能講習規程（平成6年労働省告示第65号）の一部が改正され，新たに「金属アーク溶接等作業主任者限定技能講習」が新設されました。

本書は，この金属アーク溶接等作業主任者限定技能講習に関する学科講習の科目の範囲を網羅し，技能講習会で使用することを目的に作成したもので，金属アーク溶接等作業に関わる作業主任者に知っていて欲しい内容をまとめたものになっております。また，安全に金属アーク溶接等作業を行うのに有益な内容にもなっており，現場での作業に役立てていただければ幸いです。

令和5年12月

一般社団法人　日本溶接協会

目　　次

第1章　健康障害およびその予防措置に関する知識 1

第2章　作業環境の改善方法に関する知識 26

第 3 章　保護具に関する知識

第1章　健康障害およびその予防措置に関する知識

1　金属アーク溶接等作業とは

　金属アーク溶接技術はこれまで工業の基幹的技術として飛躍的な進歩・発展をとげてきました。この間，溶接方法は被覆アーク溶接の全盛時代からガスシールドアーク溶接による自動および半自動へと変遷し，それらを取り巻く作業環境もますます複雑なものになっています。

　金属アーク溶接とは電極と母材の間に気中放電（アーク）を発生させ，これにより生じた約 5,000℃ 以上の高熱により，溶接材料と母材を溶かし，母材間を接合することです。この溶接方法の開発以後，小さい箇所に高い発熱が得られるために作業能率が高くなることと，溶接時の変形が少なく，溶接部の品質が優れていることなどから，溶接といえば金属アーク溶接を意味すると言って良いほど，幅広い分野で使用されています。また様々な材料，装置，施工方法が実用化され，その技術革新は日進月歩を続けています。

　また，金属アーク溶接技術が，金属の溶断，金属のガウジング（はつり）などにも応用されています。これらの作業も法律上，金属アーク溶接等作業に含まれます。

2　溶接，溶断の方法

　現在，数多くの溶接法が実用化されています。主な溶接・接合法および溶断法を，その形態に注目して分類すると図 1.1 および図 1.2 のようになります。対象となる構造物，溶接部に要求される機械特性，利用できる周辺設備とその環境などを考慮して，溶接・溶断方法が選択されます。

1

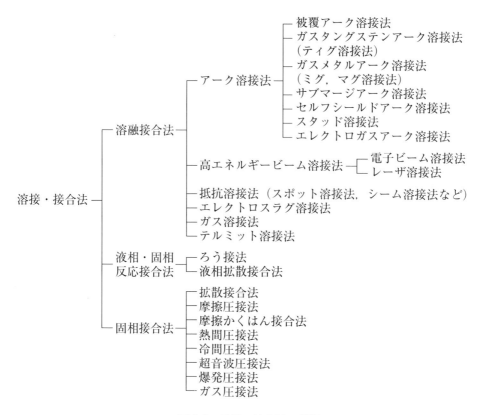

図 1.1　溶接・接合法の分類

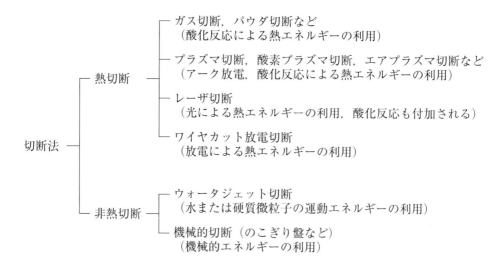

図 1.2　切断法の分類

3　金属アーク溶接方法の種類

3.1　被覆アーク溶接法

　金属アーク溶接法は，最も汎用的な溶接法です。その中でも最も古くから利用されてきた方法が被覆アーク溶接で，現在でも鋼構造物等の溶接に広く利用されています。被覆アーク溶接は，図1.3に示しますように，溶接棒と母材との間に発生させたアークによる熱によってそれらが溶融することを利用しています。アークとその溶接部は，被覆材の分解により発生するガスおよび形成するスラグにより大気から保護されます。溶接棒は，アークにより溶融・蒸発し，一部は溶滴となって母材側に移行し，一部は溶接金属を形成するものと蒸気化した後，溶接ヒュームになります。

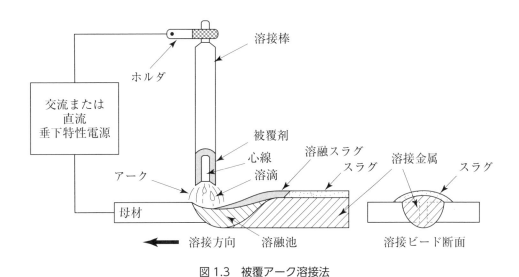

図1.3　被覆アーク溶接法

3.2　ガスメタルアーク溶接法

　ガスメタルアーク溶接法（半自動溶接法）は，図1.4に示しますように消耗電極ワイヤ（ソリッドまたはフラックス入り）を一定速度で送給しながらアークを発生させる方法です。シールドガスとしてアルゴンやヘリウムなどの不活性ガスを用いる溶接法をミグ溶接といい，クリーニング作用が利用できるので，アルミニウムの高能率な溶接が可能です。また，シールドガスにCO_2やCO_2とアルゴンとの混合ガスを用いる溶接法をマグ溶接法といい，高能率な溶接が可能で建築物や自動車等の溶接に用いられます。

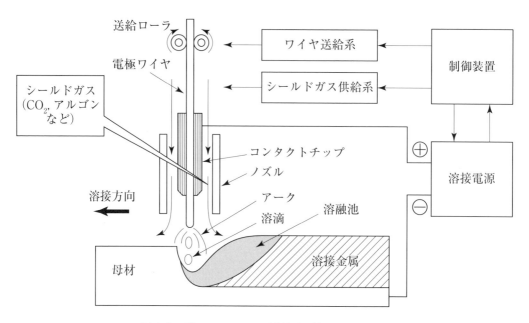

図1.4　ガスメタルアーク溶接法（半自動溶接法）

3.3　サブマージアーク溶接法

　サブマージアーク溶接法は，図1.5に示しますように溶接線上にあらかじめ散布された粒状のフラックス中にワイヤを送給し，フラックスに覆われた状態でアークを発生させて接合する自動溶接法です。図1.5のようにアークに接するフラックスが溶融し，この溶融スラグが溶融池を覆って溶接金属を保護します。普通，太径ワイヤに大電流を流すので本質的に高能率であり，一般に溶込みが深く，断面形状もすり鉢状で安定してい

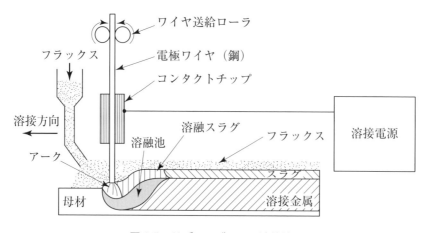

図1.5　サブマージアーク溶接法

ますので，継手の信頼度が高い方法です。フラックスを散布して利用する関係上，溶接姿勢が下向または横向に限定されるという難点がありますが，その反面，アークがフラックスで覆われていますので，アーク光がしゃ断され，溶接ヒュームやスパッタの発生が少ないので，作業環境の面からも優れています。

3.4　セルフシールドアーク溶接法

　セルフシールドアーク溶接法は，外部からフラックスやシールドガスを供給することなく，フラックス入りワイヤを用いて大気中で溶接する方法です。フラックスとワイヤを一体化したフラックス入りワイヤと，母材との間にアークを発生させ溶接します。図1.6にフラックス入りワイヤの断面例を示します。シールドガスを供給しない点を除けば，溶接装置の基本構成は半自動溶接方法と同じです。

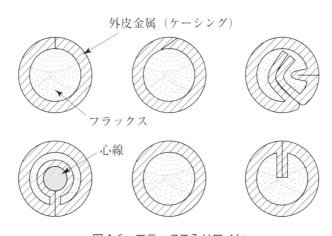

図 1.6　フラックス入りワイヤ

4　溶接ヒュームとは

　溶接ヒュームは，金属アーク溶接（被覆アーク溶接，半自動溶接など）の際に，アーク熱によって溶かされた金属などが蒸気となり，その蒸気が空気中で冷却され固体状の細かい粒子となったものです。

　溶接等作業場の空気中には，通常，溶接ヒュームのほかに研磨，切削，清掃などで発生する粉じんも存在しています。溶接ヒュームと粉じんは，人体に有害で，吸入することによって中毒を起こす物質が含まれることがあります。たとえ，中毒を起こすような物質を含んでいなくても，溶接ヒュームや粉じんを長い期間吸い込むと，肺にたまって，じん肺を引き起こすことが懸念されます。アーク溶接作業者は，溶接ヒューム発生源の近くで作業していますので，常に高い濃度の溶接ヒュームにばく露されます。

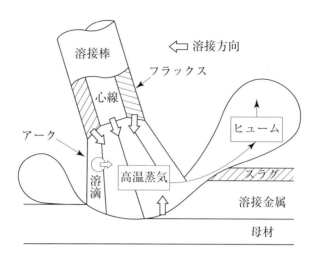

図1.7　ヒュームの発生機構

表1.1　溶接ヒューム発生量の例

溶接法	対象鋼材	電極ワイヤ・溶接棒	径[mm]	溶接条件	溶接ヒューム発生量[mg/min]
セルフシールドアーク溶接	軟鋼および490N/mm² 鋼	YFW-S50B	2.4	300A-28V	2480
CO₂アーク溶接	軟鋼および490N/mm² 級高張力鋼	YGW11（ソリッドワイヤ）	1.2	280A-30V	630
		YGW12（ソリッドワイヤ）		150A-21V	213
		YFW-C50DR（フラックス入りワイヤ）	1.2	280A-31V	697
	ステンレス鋼	YF308C（フラックス入りワイヤ）	1.2	200A-29V	480
被覆アーク溶接	軟鋼および490N/mm² 級高張力鋼	D4301（イルミナイト系）	4.0	170A	415
		D4303（ライムチタニヤ系）			250
		D4313（高酸化チタン系）			256
		D4327（鉄粉酸化鉄系）			280
		D5016（低水素系）	4.0	170A	308
		D5016（無害低水素系）			297
	ステンレス鋼	D308-16	4.0	140A	229
サブマージアーク溶接	軟鋼および490N/mm² 級高張力鋼	YS-S1(ソリッドワイヤ)×FS-BN2(フラックス)	6.4	1200A	40

　被覆アーク溶接における溶接ヒュームの発生状況を図 1.7 に示します。溶接ヒューム
は，溶接棒の心線およびフラックスなどを構成する物質の高温蒸気が，金属アーク溶接
時に生じる気流によって大気中に放出され，冷却され凝固したものです。溶接条件およ
び溶接方法によって溶接ヒュームの発生量は異なります。溶接ヒューム発生量の例を表
1.1 に示します。この表から，セルフシールドアーク溶接が最も溶接ヒューム発生量が
多く，サブマージアーク溶接法が最も少ないことがわかります。また，同じ溶接電流で
あれば，被覆アーク溶接より，ソリッドワイヤを用いた半自動溶接の方が溶接ヒューム
発生量は少なくなることがわかります。

5　金属アーク溶接等作業主任者の責務

　溶接等作業中に発生する溶接ヒュームは発がん性物質とされていますので，アーク溶
接等作業者への溶接ヒュームばく露防止が重要です。そこで，事業者が作業主任者を選
任し，溶接ヒュームのばく露防止に努めることが必要です。これを行うためには，特定
化学物質障害予防規則（以下，特化則）では，作業主任者に次の内容の義務を課してお
ります。
　作業主任者は次のことを行わなければなりません。
a ）作業に従事する労働者が対象物に汚染され，吸入しないように，作業の方法を決定
　　し，労働者を指揮する。
b ）全体換気装置その他労働者が健康障害を受けることを予防するための装置を 1 ヵ月
　　を超えない期間ごとに点検する。
c ）保護具の使用状況を監視する。

　このように，溶接ヒュームのばく露を防止するためには，溶接等作業場の状態や溶接
等作業方法を決める必要があり，これに従って，金属アーク溶接等作業に従事する作業
者（以下，溶接作業者）の指揮を行います。また，金属アーク溶接等作業では，一般に，
0.5m/s 以上の風が吹くと溶接欠陥が生じる可能性がありますので，局所排気装置の設
置は義務付けられていません。そこで，溶接ヒュームのばく露防止は，ファン，送風機，
換気扇などの動力を用いた全体換気装置が正常に動作しているかどうかの確認が必要に
なります。溶接の品質を維持するためには，溶接個所での必要以上の風速での溶接ヒュー
ム吸引ができませんので，溶接作業者の溶接ヒュームばく露を防ぐための対策が必要に
なります。そのため，防じんマスク，電動ファン付き呼吸用保護具などを正しく着用し
ていることなどの監視を行う必要があります。

6　保護具着用管理責任者

　特定化学物質障害予防規則（以下，特化則）において，金属アーク溶接等作業で使用する保護具に関する記述は，次の通りです。

a）第38条の21第5項：“事業者は，金属アーク溶接等作業に労働者を従事させるときは，当該労働者に有効な呼吸用保護具を使用させなければならない。”

b）第38条の21第6項：“事業者は，金属アーク溶接等作業を継続して行う屋内作業場において当該金属アーク溶接等作業に労働者を従事させるときは，厚生労働大臣の定めるところにより，当該作業場についての第2項及び第4項の規定による測定の結果に応じて，当該労働者に有効な呼吸用保護具を使用させなければならない。”

　　　注記　詳細は，本書第3章5参照。

c）第38条の21第7項：“事業者は，前項の呼吸用保護具（面体を有するものに限る。）を使用させるときは，1年以内ごとに1回，定期に，当該呼吸用保護具が適切に装着されていることを厚生労働大臣の定める方法により確認し，その結果を記録し，これを3年間保存しなければならない。”

　　　注記　「フィットテスト」のことです。詳細は，本書第3章6参照。

d）第43条：“事業者は，特定化学物質を製造し，又は取り扱う作業場には，当該物質のガス，蒸気又は粉じんを吸入することによる労働者の健康障害を予防するため必要な呼吸用保護具を備えなければならない。”

e）第45条：“事業者は，前2条の保護具については，同時に就業する労働者の人数と同数以上を備え，常時有効かつ清潔に保持しなければならない。”

f）第51条第1項：“特定化学物質及び四アルキル鉛等作業主任者技能講習は，学科講習によって行う。”

g）第51条第2項：“学科講習は，特定化学物質及び四アルキル鉛に係る次の項目について行う。

　　　一，二（省略）

　　　三　保護具に関する知識

　　　四（省略)”

　一方，「防じんマスク，防毒マスク及び電動ファン付き呼吸用保護具の選択，使用等について」（令和5年5月25日　基発0525第3号）では，リスクアセスメントの結果に基づいて，“危険性又は有害性の低い物質への代替，工学的対策，管理的対策，有効な保護具の使用という優先順位に従い，対策を検討し，労働者のばく露の程度を濃度基準値以下とすることを含めたリスク低減措置を実施すること”としています。そして，“リスクアセスメントの結果の措置として，労働者に呼吸用保護具を使用させるときは，保護具に関して必要な教育を受けた保護具着用管理責任者（安衛則第12条の6第1項に

規定する保護具着用管理責任者をいう。）を選任し，次に掲げる事項を管理させなければならない。

（ア）呼吸用保護具の適正な選択に関すること

（イ）労働者の呼吸用保護具の適正な使用に関すること

（ウ）呼吸用保護具の保守管理に関すること

（エ）改正省令による改正後の特定化学物質障害予防規則（昭和47年労働省令第39号。第36条の3の2第4項等で規定する第三管理区分に区分された場所（以下「第三管理区分場所」という。）における同項第1号及び第2号並びに同条第5項第1号から第3号までに掲げる措置のうち，呼吸用保護具に関すること

（オ）第三管理区分場所における特定化学物質作業主任者の職務（呼吸用保護具に関する事項に限る。）について必要な指導を行うこと"

としています。ここで注意が必要なのは，上記の（エ）および（オ）からわかる通り，作業環境測定を行った結果，「第三管理区分」になった場合についての規定だということです。

　金属アーク溶接等作業では，作業環境測定は行わずに，第38条の21第6項に従って有効な呼吸用保護具を選定することが規定されています。このため，保護具着用管理責任者を選任する法的な義務はありません。しかしながら，金属アーク溶接等作業では，第38条の21第6項による有効な呼吸用保護具の選定，第38条の21第7項によるフィットテストの実施，防じんマスクや防じん機能を有する電動ファン付き呼吸用保護具（P-PAPR）のろ過材の交換スケジュールの作成，特定化学物質作業主任者の教育（及び／又は共同作業）などがあります。これらの業務を確実に実施するためには，保護具に関して必要な教育を受けた保護具着用管理責任者を選任することが望ましいと思われます。なお，特化則については，溶接ヒュームだけを問題にしていますので，呼吸用保護具を対象にしていればよいのですが，金属アーク溶接等作業では，有害光線，熱傷，電撃なども問題になりますので，これらに関する保護具着用管理責任者も必要になります。

7　溶接等作業による健康障害

7.1　溶接ヒュームによる健康障害

a）呼吸器系のあらまし

　一般に，呼吸に関わる器官をまとめて「呼吸器系」と呼んでいます。その呼吸器系は，図1.8の模型図に示しますように，上から上気道，下気道，肺の3領域に区分されています。肺は，肋骨で囲まれた構造（胸郭）に囲まれた空間（胸腔）の中に納まっています。上気道は，上から，鼻腔，咽頭を経て喉頭へと続いています。それより下が下気道です。上気道は，肺の中に入り込むゴミを取り去り，空気を暖め，湿度を加える場所で

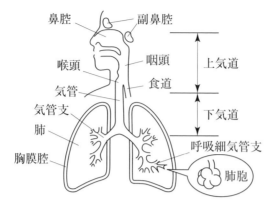

図1.8　呼吸器系模型図

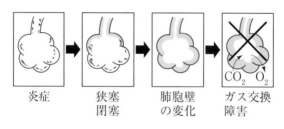

図1.9　じん肺の進み方

す。終末の細気管支は，さらに枝分かれして細くなり，呼吸細気管支と呼ばれています。この呼吸細気管支には，酸素を取り込み，CO_2を排出するガス交換が行われる"肺胞"がついています。

b）溶接ヒュームによる症状

　金属の種類によっては，またはめっき（または塗装）鋼板などの溶接では，じん肺以外にいろいろな障害を引き起こす危険性があります。症状の程度は，ばく露量の多寡，個人差などによって大きく異なります。IARC（国際がん研究機関）での発がん性評価において，溶接ヒュームはグループ1（ヒトに対して発がん性がある）に分類されています。これにより，特定化学物質の取り扱いとなりました。また，ほとんどの溶接ヒュームには，マンガン化合物が含まれています。これへのばく露よる神経機能障害として，パーキンソン症候群様症状が現れることが知られています。さらに，長い期間に吸い込まれた溶接ヒュームや粉じんは，細気管支や肺胞にたまって，その量がだんだんに増え，その箇所が炎症を起こすとともに弱い網状の線維化が起こるようになります（図1.9参照）。

　じん肺は，溶接ヒュームや粉じんの吸い込みがあっても初期の頃は，ほとんど自覚症

状がありません。しかし，長い期間，高濃度の溶接ヒュームや粉じんを吸い込み続けると咳（せき）や息切れが起こるようになります。さらに進むと，一層息切れがひどくなり，歩いただけでも息が苦しく，動悸がして仕事ができなくなります。このような症状を呈するようになると，じん肺もかなり進んだものとなり，合併症にかかりやすくなります。

　また，溶接ヒュームには，亜鉛，クロム，アルミニウム，ニッケルなどの化合物が含まれており，これらは人体への健康障害を及ぼす可能性がありますので，これらのばく露防止およびじん肺予防のため，アーク溶接作業者には適切な呼吸用保護具の着用が求められています。

7.2　ガスによる健康障害

　金属アーク溶接にともなって発生する有毒ガスは，溶接方法，溶接材料の種別，溶接条件等によって異なります。なかでも，健康への影響が問題になるのは，シールドガスに CO_2 を使用した半自動アーク溶接等で発生する CO（一酸化炭素）および強い紫外線によるオゾン（O_3）が挙げられ，その影響は次の通りです。

a）一酸化炭素（CO）

　CO_2 をシールドガスに用いる半自動アーク溶接において，CO_2 の分解によって CO が発生します。その空気中の濃度は，換気不良，狭あいな溶接等作業場では著しく高くなるため，その対応が必要となります。

　肺内において，CO はヘモグロビンと結合し，赤血球の酸素輸送能力を阻害し，結果的に貧血と同様の体内酸素欠乏（低酸素血症）を引き起こします。中毒症状は CO 濃度とその呼吸時間に依存します。

b）オゾン

　ティグ溶接，ミグ溶接などのアークから発生する強烈な紫外線によって，空気中の酸素の一部がオゾンに変化します。オゾンは呼吸器粘膜を刺激し，頭痛，めまい，呼吸困難，けん怠感，不眠などの症状を引き起こします。オゾン濃度に対する健康影響を**表 1.2**に示します。

表 1.2　オゾン濃度による健康影響

濃度（ppm）	影　響
0.01 〜 0.015	正常者における嗅覚閾値
0.06	慢性肺疾患患者に置ける換気能に影響ない
0.1	正常者にとって不快，大部分の者に鼻，咽喉の刺激（労働衛生的許容濃度）
0.1 〜 0.3	ぜんそく患者における発作回数増加
0.23	長時間ばくろ労働者に慢性気管支炎有症率増大
0.6 〜 0.8	胸痛，せき，気道抵抗増加，呼吸困難，肺のガス交換機能低下
0.5 〜 1.0	呼吸障害，酸素消費量減少，モルモットの寿命短縮
1 〜 2	疲労感，頭重，頭痛，上部気道の渇き
5 〜 10	呼吸困難，肺水腫，脈拍増加，体痛，麻痺，昏睡
15 〜 20	肺水腫による死亡の危険，小動物で 2 時間以内に死亡
50	1 時間で生命の危険
1000 以上	数分間で死亡
6300	空気中浮遊細菌に対する殺菌

Patty,F.A. : Industrial Hygiene and Toxicology その他の文献から抜粋収録

7.3　強烈な光による健康障害

　アーク溶接は，強烈な可視光線のほかに，目や皮膚に有害な紫外線と赤外線を多量に発生します。IARC（国際がん研究機関）では，アーク光は発がん性のある物質（グループ 1）に分類しています。光の波長により，図 1.10 に示しますように眼球に障害を与える範囲が異なってきます。

a）紫外線

　紫外線は，目に極めて吸収されやすい電磁波であり，化学作用によって角膜の表層部に変化を引き起こします。これは一般に電気性眼炎として知られている症状です。一定以上の紫外線が目に照射されると，被ばく条件によっても異なりますが，潜伏時間の後，異物が目に入ったような激しい痛み，結膜の充血，羞明（まぶしい），流涙，眼瞼痙れ

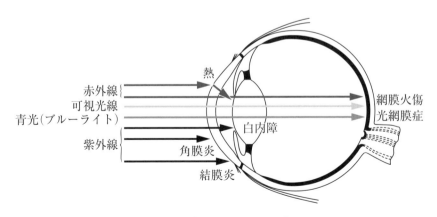

図 1.10　波長による目への影響

んなどをともなった症状が現れます。被ばくしてから6〜12時間で発症します。被ば
くの量が多いほど、症状の程度は重くかつ発症時期も早くなります。これらの症状は、
通常6〜24時間持続し、48時間後にほぼ回復します。

b) 可視光

可視光は角膜や水晶体などで止まることなく、網膜まで届きます。アーク光に含まれ
る可視光は、輝度が大きいため、まぶしさを感じ、不快感、一時的な目の霞みまたは疲
労の原因になります。特に可視光の中で青色光（波長400〜500nm）は、網膜に障害
を及ぼす可能性があります。

c) 赤外線

近赤外線は、可視光線と同様に網膜にまで到達しますが、中・遠赤外線はほとんど透
過しないで、途中の組織に吸収されます。赤外線が至近距離から照射される場合あるい
は長期にわたり照射される場合、皮膚、角膜の表層部が熱傷を起こし、網膜などに対し
ても、色素上皮細胞にも、明確な変化を起こす可能性がありますので十分な注意が必要
です。

7.4 感電による健康障害

感電の程度は人体内を流れる電流の大きさによって異なりますが、感電時の健康状態
ならびに電気が人体のどこから入り、どこから抜けたかによっても違ってきます。人体
は、そのほとんどが水分で、皮膚は常に発汗していますので湿りがちです。したがって
人体の電気抵抗は、極めて小さく、非常に電気が通りやすい状態にあるといえます。

人体の各部位の概略抵抗値を、表1.3 に示します。皮膚が乾いているか、湿っている
かによって接触抵抗が大きく異なります。実際に湿っている場合は、乾いているときの
1/12 程度、水に濡れたときは、1/25 程度に抵抗値が小さくなります。表1.4 は、体内
を流れる電流の大きさと、人間がどう感ずるかを示したものです。濡れた状態で感電し
た場合には、抵抗値がとても小さく（1/25 程度）なるので、夏季などで発汗が著しい
ときは電流が流れやすくなり致命的な結果をまねく危険性があります。

表 1.3　人体の抵抗値例（労働省産業安全研究所安全資料 RIIS-SD-1970-0 1970 年）

単位：Ω

部 位	状 態	最大	最小
手－手	乾	18,000	6,600
手－手	湿	2,720	930
手－足	乾	13,500	1,550
手－足	湿	1,260	610

※労働省安全研究所：安全資料 1971. p20

表1.4　電流の大きさと感応程度

電流の大きさ	人体の感応
1mA（0.001A）	電気を感ずる程度
5mA（0.005A）	相当の痛みを覚える
10mA（0.01A）	がまんできないほど苦しい
20mA（0.02A）	握った電線を自分で離せない
50mA（0.05A）	相当危険な状態
100mA（0.1A）	致命的な結果をまねく

7.5　スラグ・スパッタによる健康障害

　高温のスラグおよびスパッタは，その表面は急速に凝固するものの，内部はなお1,000℃以上の高温を保っています。飛散したスパッタやスラグ（高温飛散物）は，これが目や顔面や露出した皮膚に接触した場合，穿孔的な熱損傷を与えます。エアアークガウジングの場合，金属アーク溶接に比べて，高温スパッタが長距離飛散するので，危険性は一層高くなります。次の障害に注意する必要があります。

a）目の損傷

　角膜に衝突した高温飛散物は，角膜表層だけではなく，その深層にまでも熱損傷を与え，ときには角膜下の前眼房にまで達する熱変形をきたし，失明に至ることがあります。「ゴグル型」あるいは「サイド・シールド付き」ではない保護めがねは，側方および背側方からのスパッタの飛込みに対して無防備です。特に背側方からの高温飛散物は，レンズ内側で跳ね返って目に突入します。

b）皮膚の損傷

　高温飛散物が皮膚に当たると，皮膚に対して局所的な，ときには穿孔的な熱傷が生じます。適切な処置を怠れば，深部の化膿などの感染症に発展する恐れがあります。作業衣の襟元や袖口に入った高温飛散物は，その皮膚に対する熱作用は長引く恐れがあります。高温飛散物は，油脂で汚染された衣服，化学繊維の衣類などに対する着火源となりえます。これらの燃焼火災は，より重大な人体障害になることもあります。

7.6　騒音・振動による健康障害

　騒音とは，音の物理的性質にかかわらず聞く人にとって不快感を与え，生活の妨げになる可聴音，つまり好ましくない音を総称して使用する用語です。

　金属アーク溶接等作業にともなう騒音は，関連作業，例えば高圧エア洗浄，エアハンマ，エアアークガウジング，ジェットたがね，グラインダなどから発生しますので，溶接等作業場での作業中にばく露することがあります。溶接等作業中の騒音レベルは耳付

近で測定した場合はかなり高く，例えば，被覆アーク溶接中の騒音測定の結果は80dBから92dBを示し，平均87dBとなりました。シールドガスにCO_2を用いた半自動アーク溶接では88.6dBから72.2dBでしたが，溶接の種類，電流，電圧の高さにも関係します。

　音の生体への影響としては，耳に関する障害として難聴があります。また全身的なストレス反応としての胃腸障害，神経障害として頭痛，吐気，めまい，耳鳴り，不眠，不安神経症などがあります。アメリカの環境保護庁（EPA）は80dB（A）を超えると62%以上が訴えを提起するとしています。騒音についての許容基準を，表1.5および表1.6に示します。健康障害を防ぐためには，これらを守る必要があります。

　溶接等作業による機械振動は大きくありませんが，騒音と同様に他の関連作業で大きくなっています。表1.7に手持ち振動工具の振動と騒音測定値を示します。

　長時間にわたる手腕の振動ばく露によって生じる一連の症状を，振動障害（振動症候群）といいます。腕等への振動は，それぞれの関節，筋肉によって減衰，吸収されるようにできています。また，生理的にも振動が負荷されると，血圧，血流，自律神経機能，内分泌系に変化が現れ，生体の恒常性を維持しようとします。しかし，生体には限界があり，負荷が過剰になると，生体の恒常性や回復性が失われて振動負荷が中断されても生体の変化が続き，さらにこれが長時間におよぶと，振動症候，または振動病となります。

表1.5　騒音の許容基準

中心周波数 (Hz)	各ばく露時間に対する許容オクターブバンドレベル（dB）					
	480分	240分	120分	60分	40分	30分
250	98	102	108	117	120	120
500	92	95	99	105	112	117
1000	86	88	91	95	99	103
2000	83	84	85	88	90	92
3000	82	83	84	86	88	90
4000	82	83	85	87	89	91
8000	87	89	92	97	101	105

注記　日本産業衛生学会　許容濃度等の勧告（2017）による　　2016年版

表1.6　騒音レベル（A特性音圧レベル）による許容基準

1日のばく露時間（時間－分）	許容騒音レベル（dB）
8 － 00	85
4 － 00	88
2 － 00	91
1 － 00	94
0 － 30	97

注記　日本産業衛生学会　許容濃度等の勧告（2017）による
2016年版

表 1.7　手持ち工具の振動と騒音測定値

		振動加速度レベル (dBAL)	振動レベル (dBVL)	騒音 (dBA)
電動工具	金属用	110 ～ 143	98 ～ 135	70 ～ 105
	コンクリート用	115 ～ 147	100 ～ 135	77 ～ 104
	木材用	120 ～ 138	92 ～ 123	84 ～ 96
エンジン工具	チェンソー	118 ～ 148	102 ～ 125	102 ～ 118
電気工具	レッグ	126 ～ 154	112 ～ 131	108 ～ 119
	ブレーカハンマー	118 ～ 148	110 ～ 133	101 ～ 114
	チッピングハンマー インパクトレンチ	137 ～ 153	113 ～ 137	102 ～ 113
	グラインダ，エアドライバ	125 ～ 138	98 ～ 125	90 ～ 96
	バイブレータ，ランマ	119 ～ 139	99 ～ 132	89 ～ 101

7.7　暑熱による健康障害

　溶接等作業も環境条件によって，暑熱の影響を受けます。また，作業者の装備も放熱を阻害するので，環境条件の整備は重要となります。高温環境下の作業時には，外部環境からの熱負荷に加えて作業による体内での発熱が加わります。発熱は作業負担の程度に依存します。体温上昇を抑えるためには，体温調節機能と循環機能を十分に働かせる必要があります。この機能が十分に作用しなくると，人体における発熱と放熱のバランスが崩れ，高体温症を起こし，熱中症の原因になります。熱中症の種類および熱中症の症状を，それぞれ表 1.8 および表 1.9 に示します。

表 1.8　熱中症の種類

項　　目	内　　容
熱射病	熱中症の中では致命率が高く，緊急の治療を要する。突然，意識障害に陥ることが多い。高体温であるが，皮膚は冷たく発汗も停止する。発病前にめまい，悪心，頭痛，耳鳴り，いらいらなどが見られ，嘔吐や下痢を伴う場合もある。 視床下部視索前野の体温調節機構の失調，体温または脳温の上昇をともなう中枢神経障害が原因と考えられている。
熱痙攣	四肢や腹部の筋肉の痛みをともない，発作的に痙攣を起こす。作業終了時の入浴中や睡眠中に起こる場合もある。 大量の発汗による塩分喪失に対し，塩分を補給しなかったことにより起こる。
熱虚脱	全身倦怠，脱力感，めまいが見られる。脱水や皮膚欠陥の拡張により脳の血流量が不足するのが原因。 意識混濁し，倒れることもある。 高温ばく露が継続し，心拍増加が一定限度を超えた場合に起こる。
熱疲労	初期には，激しい口渇，尿量の減少が見られる。 めまい，四肢の感覚異常。歩行困難が見られ，失神することもある。 大量の発汗で血液が濃縮することによる心臓の負担増加や血流分布の異常により起こる。

表 1.9　熱中症の症状

分類	症状	重症度
Ⅰ度	めまい・生あくび・失神 （「立ちくらみ」という状態で，脳への血流が瞬間的に不十分になったことを示し，"熱失神"と呼ぶこともある。） 筋肉痛・筋肉の硬直 （筋肉の「こむら返り」のことで，その部分の痛みをともなう。発汗に伴う塩分（ナトリウム等）の欠乏により生じる。これを"熱痙攣"と呼ぶこともある。） 大量の発汗	小
Ⅱ度	頭痛・気分の不快・吐き気・嘔吐・倦怠感・虚脱感 （体がぐったりする，力が入らないなどがあり，従来から"熱疲労"といわれていた状態である。） 集中力や判断力の低下	
Ⅲ度	意識障害・痙攣・手足の運動障害 （呼びかけや刺激への反応がおかしい，体がガクガクと引きつけがある，真直ぐに走れない・歩けないなど。） 高体温 （体に触ると熱いという感触がある。従来から"熱射病"や"重度の日射病"といわれていたものがこれに相当する。）	大

注：職場における熱中症予防対策マニュアル（厚生労働省）

7.8　その他の障害・災害

　金属アーク溶接等作業においては，高温・高エネルギーの熱源を取り扱うので，溶接対象物によっては火災，爆発の危険性があります。このため，溶接等作業を行う場合は作業環境に注意する必要があります。また，高所で溶接等作業を行う場合，感電などによる二次災害として，墜落および転倒などが生じる場合があります。このため，安全柵などで作業の安全を確保する必要があります。

8　溶接ヒュームによる病理

8.1　溶接ヒュームによる生体影響

　溶接ヒュームは極めて微細な粒子であるため，呼吸により肺に吸入され，沈着します。溶接ヒュームに含まれる金属粒子やその化学生成物による刺激・毒性は，溶接材料および母材などの化学成分に影響され，吸入や接触により呼吸器や体内の諸器官に影響を及ぼすことになります。主な溶接ヒュームの成分による健康影響は次の通りです。また，人体の部位などへの影響を表 1.10 に示します。

a）マンガン化合物

　炭素鋼，低合金鋼，ステンレス鋼，ニッケル合金，銅合金，アルミニウム合金など多くの金属に含まれています。急性影響としては金属熱の疑いがあります。慢性影響では，

脳および中枢神経系の障害をきたし，症状は，頭痛，無気力，興奮性，進行性精神不調，進行性筋力低下，言語力低下，インポテンツなどがあります。また，神経障害としてパーキンソン症候群様症状が現れることが知られています。

b）クロム［Cr（III）］

ステンレス鋼，ニッケル−クロム合金などを溶接する際に発生するヒュームに含まれています。クロム金属とCr（III）は，急性影響として上気道の刺激，気管・気管支炎，間質性肺炎，皮膚炎などを起こします。慢性影響は比較的低いが，まれに肺機能の低下を起こします。

c）クロム［Cr（VI）］

ステンレス鋼，ニッケル−クロム合金などを溶接する際に発生するヒュームに含まれ，特に被覆アーク溶接，フラックス入りワイヤを用いるマグ溶接時に発生するヒュームに含まれやすい。酸化性が強く，細胞膜透過性も大きいため，急性影響はクロム金属とCr（III）と同様ですがはるかに強くなります。慢性影響としては，鼻粘膜潰瘍，鼻中隔欠損，気管支炎，腎臓障害などに加えて肺がんを発症する危険性があります。国際がん研究機関（IARC）の発がん性評価はグループ1（ヒトに対して発がん性がある）となっています。

d）ニッケル

ステンレス鋼，ニッケル・ニッケル合金などに含まれています。急性影響は，ぜん息，肺線維症，肺浮腫，接触性皮膚炎があります。症状として頭痛，めまい，おう吐，咳，咽頭痛，胸部圧迫感が起きます。慢性影響として，肺がんと喉頭がんの可能性があります。国際がん研究機関（IARC）の発がん性評価は，金属がグループ2B（ヒトに対して発がん性がある可能性がある），可溶性と非可溶性の化合物がグループ1（ヒトに対して発がん性がある）となっています。

e）アルミニウム・アルミニウム合金

アルミニウム・アルミニウム合金などに含まれています。急性影響は比較的低い。高濃度慢性影響としては，酸化アルミニウム（アルミナ）によるじん肺症（アルミナ肺）の発症が懸念されます。

f）亜　鉛

亜鉛−アルミニウム系合金，一次防錆塗料などに含まれています。急性影響は，酸化亜鉛（ZnO）による金属熱で，症状は悪寒，筋肉痛，吐き気，発熱，喉の渇き，咳，疲

労感，金属味，かすみ眼，腰痛，不定愁訴，呼吸困難などです。慢性影響は，肺機能の低下と間質性肺炎の疑いがあります。

g）鉛

鉛を含むショッププライマ（一次防錆塗料）塗布鋼板などの溶接および熱切断でも発生します。急性影響は，金属熱のほかに激痛をともなう鉛せん痛を起こします。低濃度長期ばく露による慢性影響は，神経の障害および血液の障害（赤血球・ヘモグロビンの減少，貧血，顔面の鉛色化，歯肉の灰黒色化，造血機能低下）を起こします。国際がん研究機関（IARC）の発がん性評価はグループ2B（ヒトに対して発がん性がある可能性がある）となっています。

表 1.10　溶接ヒューム成分の人体への影響

物質名	人体への影響
酸化鉄	呼吸器への刺激
マンガン	呼吸器，特に気管支への刺激，慢性影響として神経系障害，腱反射亢進，筋硬直，振せん
酸化カドミウム	呼吸器への刺激，肺炎，腎障害，肺水腫
コバルト	化学性肺炎
ニッケル	呼吸器への刺激，皮膚炎
酸化バナジウム	眼（結膜炎），皮膚炎，喘息，頭痛
クロム	呼吸器への刺激，皮膚炎，皮膚潰瘍，鼻炎，鼻中隔潰瘍
銅	呼吸器への刺激，鼻咽頭炎，下痢，発熱
酸化亜鉛	ヒューム熱
モリブデン	呼吸器への刺激
酸化マグネシウム	ヒューム熱
酸化鉛	全身的毒性，胃潰瘍，神経麻痺，貧血，振せん，不眠，腹痛，便秘，関節痛
フッ化物	眼，鼻咽頭，口腔粘膜の炎症，歯の異常，腎障害，骨の異常，出血時間延長，肝障害
チタン	湿疹
アルミナ	呼吸器への刺激，肺腺維化

8.2　じん肺と合併症

法律では，じん肺と密接な関係があると認められる疾病を「合併症」と定義し，次の六つが定められています。

a）肺結核

結核菌の吸入によって肺に起こる伝染病です。じん肺の合併症のうちでも最もかかりやすく，恐ろしいのが肺結核です。じん肺を発症すると，そうでない人に比べて肺結核にかかりやすく，また，治りにくいといわれています。

b）結核性胸膜炎

　結核菌によって起こる胸膜の炎症（肋膜炎）です。発熱，咳（せき），胸の痛みなどの症状があります。

c）続発性気管支炎

　じん肺症に続いて起きる気管支粘膜の炎症です。咳，たん，発熱などをともないます。

d）続発性気管支拡張症

　じん肺症に続いて起きる気管支の内腔の一部が拡張する病気です。じん肺の病気の進行にともなって，気管支の拡張が起こりやすくなり，たんと咳が慢性的に続きます。

e）続発性気胸

　じん肺症に続いて起きる病気で，肺と胸郭との間になんらかの原因で空気が入って，肺が押しつぶされた状態（気胸）になります。

f）原発性肺がん

　転移巣の源になっているがんをいいます。転移を起こすがんもこれに含まれます。

　以上の合併症は，じん肺の進行とともにかかりやすくなることが知られています。じん肺が発症してもそれ以上じん肺を進行させないことが，合併症にかからないために大切です。

9　健康障害の予防方法

9.1　溶接ヒュームおよびガスのばく露防止対策

　予防対策には，アーク溶接作業者がアーク溶接中に高濃度の溶接ヒュームにばく露しないように，換気状況および作業姿勢の改善を行います。例えば，風向きを考えて，高濃度の溶接ヒュームがアーク溶接作業者に流れないように工夫することなどです。ガスは目に見えませんが，溶接等作業中の気流の流れは溶接ヒュームの流れとほぼ同様と考えられますので，溶接ヒュームのばく露を減らすことによりガスへのばく露も一定限度減らすことができると思われます。

　溶接欠陥などを考えると，局所排気装置などで溶接ヒュームを完全に除去することは不可能です。このため，溶接ヒュームのばく露を防ぐため，アーク溶接作業者が呼吸用保護具を正しく着用することが重要です。

9.2　アーク光，スパッタ・スラグ等による健康障害への対策

　溶接作業者は，アーク光，スパッタ・スラグ等から露出した皮膚および目を保護することが必要です。金属アーク溶接等作業の近くでの作業も，たとえ短時間であっても皮膚および目を保護するため，適切な保護具を着用する必要があります。

9.3　感電対策

　感電の防止のためは，体の露出部を極力なくす必要があります。特に，作業衣が湿っていると抵抗値が下がり，電流が流れやすくなります。そこで，金属アーク溶接等作業を行う際は，社内であらかじめ定められた作業衣，絶縁性の安全靴および乾いた絶縁性の保護手袋等の保護具を着用し，帯電部に不用意に接触する恐れのある身体部分を露出しないようにします。このため，保護手袋の下に軍手を用い，軍手が湿ったら交換します。もし，作業衣が破れたり，濡れた場合は，これを交換するようにします。

　高所で金属アーク溶接等作業を行っている際に感電し，これに驚くことにより墜落する二次災害が生じています。このような墜落事故を防ぐために，高所での金属アーク溶接作業の際にはフルハーネス安全帯を着用する義務があります。また，アーク溶接作業者は，鍵，アクセサリーなど心臓への導電の危険のあるものを身体から取りはずし金属アーク溶接等作業場所から遠ざけて置く必要があります。

9.4　騒音の対策

　一般に，エンジン駆動式溶接機，パルスアーク溶接などでは高レベルの騒音が発生します。一方，ガス切断，プラズマ切断，エアアークガウジングなどからは，さらに大きな騒音が発生します。騒音は，騒音性難聴の原因となります。騒音による障害の防止のためには，騒音の発生を抑制することが有用ですが，金属アーク溶接等作業では，これを行うことが困難です。騒音発生源の騒音レベルを許容値以下にすることができない場合，難燃性の耳栓や耳覆い（イヤーマフ）のような個人用保護具を着用します。

9.5　振動の対策

　溶接作業に関連する作業において，振動機械工具（グラインダなど）を用いる作業等では，人体に伝播する振動を軽減するために防振手袋のような個人用保護具を着用するのが望ましく，溶接作業者の振動ばく露時間をできるだけ短くするため，操作時間の厳守，他の作業との組合せ等，適切な作業計画に基づいて行う必要があります。

9.6　暑熱による健康障害対策

　熱中症の発生には，気温・湿度・風速・輻射熱が関係します。暑熱環境の評価について日本産業衛生学会，ACGIH，ISO（国際標準化機構）はWBGT（Wet Bulb Globe

Temperature）という指標を使用した基準を示しています。

　屋内に溶接以外の発熱源があれば，輻射熱を遮断するパネルの設置，作業位置からの隔離などの実施，また，上昇した熱気の天井からの排気状況の調査などによって，十分な対策を立てます。屋外では直射日光を遮る日除けを設け，飲料を入れたクーラーボックスやポットを作業場に携行します。休憩室に冷房，冷蔵庫，製氷器，冷水器，長いす，シャワーなどがあれば理想的です。

　特に夏期は，小休止を少しでも多く設け，冷房の効いた休憩室で安静，水分補給を行い，体温を正常化させることも熱中症予防のために必要です。

　直射日光に対してはヘルメットに日除けをつけたりすることも大切です。また，物体からの日光反射も含めて作業環境温度に注意を払い，WBGT31℃，乾球温度35℃以上では作業を中止することが望ましいとされています。耐暑能には個人差があり，年齢，性別，皮下脂肪，基礎代謝，心肺機能，汗腺の状態，身体活動，炎症による発熱や脱水などといった体調の異常，発汗，暑さへの順化，感覚神経の反応性の違いがあります。

表 1.11　WBGT 熱ストレス指数の基準値表（各条件に対応した基準値）

区分	例	WBGT 基準値			
		熱に順化している人　℃		熱に順化していない人　℃	
0　安静	安静	33		32	
1 低代謝率	楽な座位；軽い手作業（書く，タイピング，描く，縫う，簿記）；手及び腕の作業（小さいペンチツール，点検，組立や軽い材料の区分け）；腕と脚の作業（普通の状態での乗り物の運転，足のスイッチやペダルの操作）。立体；ドリル（小さい部分）；フライス盤（小さい部分）；コイル巻き；小さい電気子巻き；小さい力の道具の機械；ちょっとした歩き（速さ 3.5 km/h）	30		29	
2 中程度 代謝率	継続した頭と腕の作業（くぎ打ち，盛土）；腕と脚の作業（トラックのオフロード操縦，トラクターおよび建設車両）；腕と胴体の作業（空気ハンマーの作業，トラクター組立，しっくい塗り，中くらいの重さの材料を断続的に持つ作業，草むしり，草堀り，果物や野菜を摘む）；軽量な荷車や手押し車を押したり引いたりする；3.5 〜 5.5 km/h の速さで歩く；追突	28		26	
3 高代謝率	強度の腕と胴体の作業；重い材料を運ぶ；シャベルを使う；大ハンマー作業；のこぎりをひく；硬い木にかんなをかけたりのみで彫る；草刈り；掘る；5.5 〜 7 km/h の速さで歩く。重い荷物の荷車や手押し車を押したり引いたりする；鋳物を削る；コンクリートブロックを積む。	気流を感じないとき 25	気流を感じるとき 26	気流を感じないとき 22	気流を感じるとき 23
4 極高 代謝率	最大速度の速さでとても激しい活動；おのを振るう；激しくシャベルを使ったり掘ったりする；階段を登る，走る，7 km/h より速く歩く。	23	25	18	20

暑熱環境に順化していない作業者は，いきなり暑熱条件下での就労を避け，実働時間や身体負荷を軽減するなどの面で配慮する必要があります。アーク溶接作業者が作業をする前の週における毎日の熱へのばく露の有無により，アーク溶接作業者の熱への順化の有無を判断した上で，作業内容に応じて設定された表 1.11 の基準値が WBGT を超えるかどうかを判断します。

9.7 腰痛，頸肩腕障害

溶接等作業では，上肢を同じ肢位に保って作業を行うため，そこに，疲労を生じ腕の痛み，肩こり，肩の痛み，腰痛などを訴えやすくなります。しかし，通常の生活においても肩こりを常時あるいはときどき自覚するものは，男性で 57%，女性で 70% もおり，年齢的には 40 歳代が多いので，作業に起因しているかどうかの判定は困難です。このため，頸肩腕障害は個人・生活要因と作業要因の両者により生じる作業関連疾患と考えられます。

10 定期健康診断

アーク溶接作業者の溶接ヒュームのばく露状態を知るため，定期健康診断が重要です。

a) 特定化学物質障害予防規則における定期健康診断

特定化学物質障害予防規則では特殊健康診断において，6ヵ月以内ごとに 1 回，神経機能障害の症状の有無または症状度合いを含めた診断を行います。

b) じん肺法における定期健康診断

じん肺健康診断の結果に基づいて，じん肺の進行の程度区分は「じん肺管理区分」と呼ばれており，管理 1，管理 2，管理 3 イ，管理 3 ロ，管理 4 の 5 段階に区分されています。なお，管理 1 は，"じん肺の所見がない" と認められるもので，管理 2 から管理 4 になるに従って，じん肺の症状が重い区分となっています。金属アーク溶接等作業に従事の有無とじん肺管理区分に関連する定期健康診断の頻度を表 1.12 に示します。

表 1.12 じん肺則における定期健康診断および頻度

粉じん作業従事の有無	じん肺管理区分	頻　度
常時粉じん作業に従事	1	3 年以内
	2，3（イ，ロ）	1 年以内
常時粉じん作業に従事したことがあり，現在は粉じん作業以外の仕事に従事	2	3 年以内
	3（イ，ロ）	1 年以内

11　健康障害に対する応急措置

11.1　救急蘇生法

　健康障害などによりアーク溶接作業者に救急蘇生を行うときは，図 1.11 に示す方法によって行います。

　新型コロナウイルス感染症が流行している状況ではすべての心肺停止の傷病者に感染の疑いがあるとして対応する必要があります。心停止については，人工呼吸は行わず，胸骨圧迫と AED を実施します。

図 1.11　救急蘇生法の指針 2020

11.2　感電に対する処置

感電者に直接触れずに，救助者の二次災害を防ぐために，まず，配電盤の電源を切ります。感電による熱傷に対しては，急いで患部を冷却し，痛みを和らげ炎症を軽減することが最良の応急処置です。それには，患部を冷水に漬けるか，氷のうなどを当てがい，また，衣服が燃えた場合は，衣服の上から冷水を注いで冷やします。

11.3　熱傷に対する応急処置

熱傷に対する応急処置は次の通りです。

ａ）熱傷に対しては，急いで患部を冷水で冷却し，あるいは氷のうなどを当てがい，痛みを和らげ炎症の進行を防ぎます。

ｂ）衣服が燃えた場合は，衣服の上から冷水を注いで冷やします。

ｃ）患部は，冷却した後，消毒したガーゼで覆い，水疱が生じた場合はそのまま破らず医師の処置にゆだねます。また，燃えて皮膚に付着した衣服は，はがさずにそのままにして，冷水，氷のうなどで冷やします。

ｄ）体表面の広範囲にわたる熱傷は，激痛や体液の浸出によるのどの渇き，脱水などによってショックをひきおこすことがありますので，スポーツドリンク，ジュース，甘い紅茶などを与えるとともに，速やかに医師の処置にゆだねます。

このような対応において，ｂ）以降の場合，速やかに医療機関に連絡し，医師の処置にゆだねる必要があります。

11.4　熱中症に対する応急処置

熱中症の症状が生じた場合は，速やかに医療機関に連絡し，医師の処置にゆだねる必要があります。さらに，応急措置として以下の措置を行います。

患者を速やかに涼しい場所に搬出し，衣類を脱がして皮膚を水で濡らし，冷風を送り，飲水可能ならば，スポーツドリンク，食塩水（約0.8％），果汁などで水分および電解質を補給します。

ａ）氷またはアイスバッグがあれば，これらをタオルでくるみ，首の両側，わきの下などの大血管部位に当てて冷します。

ｂ）熱けいれんの場合は，食塩を中心に補給します。

ｃ）熱虚脱の場合は，脳の血流を確保するために足を高くし，手足を先から中心部に向かってマッサージします。

ｄ）体温が高い場合は，ａ）およびｂ）によって体温を39℃以下へ急激に下げるように努めるとともに，意識および呼吸状態を確保します。

第2章　作業環境の改善方法に関する知識

1　溶接ヒュームの性質（拡散方法，粒子サイズ，物性）

1.1　ヒュームの化学組成

1.1.1　エアロゾルの種類と溶接ヒュームの種類

　空気中には，粒子径の小さい種々の固体または液体からなる粒子状物質が分散・浮遊していて，これらをエアロゾルと総称しています。エアロゾルには，粒子の状態・生成機構により，固体が破砕などで微小化したダスト（粉じん），高温にさらされて気化した後に凝固して生成した固体粒子（ヒューム），液体の粒子からなるミスト等に分類されます。アーク溶接時に発生するヒュームは，溶接ヒュームと呼ばれています。

1.1.2　溶接ヒュームの発生機構と形状

　溶接ヒュームを電子顕微鏡で観察すると，図2.1のように100nm（0.1μm）以下の非常に小さい粒子の集合体であることがわかります。このような形状を取るのは，一旦気体となった成分が凝固して微細粒子（一次粒子）となったのち，粒子同士がぶつかって凝集する（二次粒子）ためです。これに対して，一般に固体の塊が破砕してできるダストの粒子径が1～数μmより大きい一次粒子となります。「溶接ヒューム」は，その名が示します通り，その多くは気体を経て生成したヒュームからなり，フラックス等の破砕粒子，あるいは融液が飛び散った後，凝固したものではないことがわかります。

　図2.2は溶接ヒュームの一次粒子をさらに拡大したものです。一次粒子は多様な粒子径や形状を有しています。これは，一次粒子の成分が一定ではないことを示唆しています。また，球状だけではなく，多面体の形状を持つものもあり，気体から直接生成した溶接ヒューム成分の一部が結晶構造を有していることを示しています。

　図2.3は被覆アーク溶接の溶接ヒュームの粒度分布の一例です。この測定は，発生源から吸引した溶接ヒュームを容器内に導き，自然沈降した溶接ヒュームを電子顕微鏡で観察し，二次粒子の大きさ別の個数分布を示したものです。

　図2.1より，大きいもので10μmを超える二次粒子も存在していることがわかります。ただし，画像からもわかるように溶接ヒュームの二次粒子は一次粒子間にすき間が多い集合構造となっています。そのため，粒子の大きさに比して質量は小さくなります。

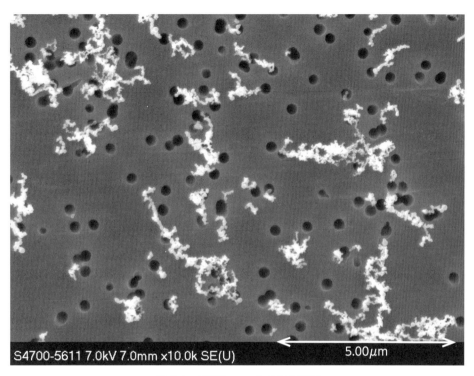

図 2.1　溶接ヒュームの集合形態

図 2.2　溶接ヒュームの一次粒子の拡大写真

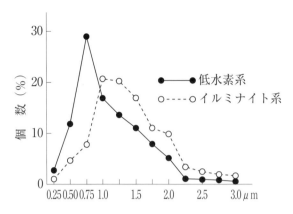

図 2.3　被覆アーク溶接棒の溶接ヒュームの粒度分布

10 μm程度の大きな粒子であっても，空気中では，1 μm以下の小粒径の粒子と同じような挙動を示します。すなわち，沈降速度は遅くなり，長く溶接等作業環境に留まるとともに，作業者の呼吸時に体内に入った場合は，呼吸器の最も奥の肺胞にまで到達します。

　溶接ヒュームの二次粒子の粒径は1 μmから数μmとなり，この粒子は空気中では「煙として見えない」ことに注意が必要です。アーク溶接時にアーク点から溶接ヒュームの煙が立ち上っているのが観察できますが，これは濃度が非常に高く二次粒子がさらに凝集して煙として見える大きさまで成長していることによります。実際には，溶接ヒュームの二次粒子は沈降速度が遅いために，煙として見えない場所の空気中にも粒子が漂っています。

注意：呼吸用保護具の要否を煙が見えるかどうかで判断するのは大変危険です。

1.1.3　溶接ヒュームの化学組成

　溶接ヒュームに含まれる成分および化学組成の例を，それぞれ**表 2.1** および**表 2.2** に示します。溶接ヒュームは，溶接材料および母材が蒸発した後，凝固したものです。その生成量は蒸発量に依存し，融液からの蒸気圧の高い成分がより多く含まれることになります。したがって，溶接ヒュームは溶接材料や母材の組成とは大きく異なる成分比を有しています。例えば，チタン酸化物は溶接棒の被覆材に大量に含まれていますが，蒸気圧が低いため，溶接ヒューム中の含有率は低くなります。逆にナトリウム酸化物やカリウム酸化物は蒸気圧が高いため溶接ヒューム中には多量に含まれます。軟鋼および490N/mm² 級高張力鋼用被覆アーク溶接棒について，被覆材組成と溶接ヒューム組成との関係を**図 2.4** に示します。各成分の溶接ヒュームでの含有量は被覆剤中の含有量にほ

ぼ比例しています。ただし，物質により比例定数は異なり，チタン酸化物で 0.1，ケイ素酸化物で 1，ナトリウム酸化物およびカリウム酸化物では 10 となります。

表 2.1　母材および溶接材料の種類に関係して発生する溶接ヒューム中の主な成分

母材及び溶接材料の種類	ヒューム中に含まれる主な成分 [a]															
	Si	Mn	Fe	Cr	Cr(VI)	Ni	Mo	Cu	Al	Co	Zn	V	W	Ti	Ca	Mg	Be
炭素鋼・低合金鋼	○	○	○	△	△	－	－	－	－	－	－	－	－	△	－	－	－
ステンレス鋼	○	○	○	○	○	△	△	－	－	－	－	－	－	－	－	－	－
ニッケル・ニッケル合金	○	○	○	△	△	○	△	－	－	△	－	△	△	－	－	－	－
銅・銅合金	△	△	－	－	－	△	－	○	－	－	△	－	－	－	－	－	△
アルミニウム・アルミニウム合金	△	△	－	－	－	－	－	○	○	－	△	－	－	△	－	△	△

注記　○：含まれるもの，△：溶接材料の成分によっては含まれるもの，－：微量または含まれない

注 [a]　表は，発生する可能性のある成分すべてを網羅したものではありません。

表 2.2　溶接ヒュームの化学組成

(%)

対象材料	溶接法	JIS	径(mm)	溶接条件	Fe_2O_3	SiO_2	MnO	TiO_2	Al_2O_3	CaO	MgO	BaO	Cr_2O_3	NiO	CuO	Na_2O	K_2O	F
軟鋼および490/Nmm²級高張力鋼	CO_2アーク溶接	YGW11(ソリッドワイヤ)	1.2	280A-30V	75.50	10.45	15.13	0.37	－									－
		YGW12(ソリッドワイヤ)		150A-21V	78.52	11.26	12.86	－										－
		YFW-C50DR(フラックス入りワイヤ)	1.2	280A-31V	54.74	10.58	16.09	6.74	0.55	0.71	2.42	－	－	－	－	5.17	2.27	2.55
	被覆アーク溶接	D4301(イルミナイト系)	4.0	170A	52.55	16.60	12.15	2.31	0.42	2.10	0.51	－	－	－	－	5.57	4.97	－
		D4303(ライムチタニヤ系)			48.26	21.20	6.18	1.87	0.43	1.47	1.32	－	－	－	－	5.73	7.65	－
		D4313(高酸化チタン系)			41.82	29.45	5.38	3.40	0.52	0.95	0.32	－	－	－	－	5.60	7.56	－
		D4327(鉄粉酸化鉄系)			47.18	31.60	7.84	1.20	0.27	1.17	0.22	－	－	－	－	4.65	3.25	－
		D5016(低水素系)			16.87	6.20	5.06	0.45	0.31	14.08	0.35	3.44	－	－	－	10.18	19.57	17.05
	セルフシールドアーク溶接	YFW-S50GB(フラックス入りワイヤ)	2.4	300A-28V	25.38	1.25	3.10	－	15.73	20.67	27.77	－	－	－	－	2.33	1.55	9.84
ステンレス鋼	CO_2アーク溶接	YF308C(フラックス入りワイヤ)	1.2	200A-29V	34.60	13.91	13.04	1.33	0.42	0.51	－	－	18.56	2.55	－	5.54	2.72	2.63
	被覆アーク溶接	D308-16	4.0	140A	8.98	7.25	5.51	9.24	0.79	4.87	0.12	－	8.77	0.73	－	2.87	26.20	13.16
		D430Nb-16			12.51	2.25	1.68	1.10	5.59	19.07	3.53	－	5.31	－	－	24.78	1.40	14.42
銅	被覆アーク溶接	DCu	4.0	150A	－	20.50	14.45	－	－	0.68	－	－	－	－	40.99	5.65	4.14	10.01
アルミニウム合金	ミグ溶接	A4043-WY(ソリッドワイヤ)	1.6	250A-21V	2.13	7.80	－	－	84.1	－	1.04	－	－	－	1.80	－	－	－
		A5183-WY(ソリッドワイヤ)			0.33	0.15	－	－	82.6	－	12.9	－	－	－	0.16	－	－	－

注記　溶接材料を規定した JIS は 2002 年以前に発行されたものです。

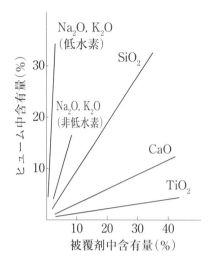

図 2.4　被覆剤組成と溶接ヒューム組成との関係

1.2　各種溶接方法における溶接ヒューム成分

　溶接方法，母材などによる溶接ヒューム成分は，次のとおりです。

a）軟鋼および高張力鋼の溶接

　軟鋼および高張力鋼のソリッドワイヤによる CO_2 アーク溶接では，フラックスを用いませんので融液のおよそ98％は鉄です。しかし，溶接ヒューム中の酸化鉄の含有量は 75 ～ 80％となります。一方，融液中に 1 ％程度しか含まれないマンガンおよびケイ素がそれぞれ 10 ～ 15％含まれています。これは鉄よりもマンガンおよびケイ素の蒸気圧が高いためです。フラックス入りワイヤを用いた場合，フラックス成分が加わるため，さらに酸化鉄の含有量が下がり 50％程度となります。

　被覆アーク溶接棒のうち，イルミナイト系，ライムチタニヤ系，高酸化チタン系，鉄粉酸化鉄系の溶接ヒュームでは酸化鉄の含有量が 40 ～ 50％です。一方，低水素系溶接棒では，酸化鉄含有量が 20％以下です。代わりにナトリウム酸化物およびカリウム酸化物およびフッ素化合物（フッ化ナトリウムなど）がフッ素換算で 10％以上含まれています。

　セルフシールドアーク溶接では，フラックス成分に蒸気圧の高い成分を含有させて，それらの蒸気がシールド作用を有するようにします。そのため溶接ヒューム中の酸化鉄量は少なく，マグネシウム化合物，カルシウム化合物，アルミニウム化合物の含有量が高くなっています。

　溶接ヒューム中の一次粒子には結晶構造を持つものがありますが，それらの多くはスピネル型の Fe_3O_4 および $MnFe_2O_4$ であり，通常ヒュームは強い磁性を有します。フッ

素は，ナトリム，カリウム，カルシウムと NaF，CaF$_2$，KCaF$_3$ といったフッ化物塩を生成します。マグネシウムは酸化物（MgO）として存在しています。また多くのケイ素は SiO2 の結晶としてではなく，ガラス質として含まれているため溶接ヒュームは遊離けい酸を含まない粉じんと見做すことができます。

b）ステンレス鋼の溶接

　ステンレス鋼には，ニッケルやクロムが合金材料として含まれています。Cr18％-Ni8％の SUS304 の溶接材料では，溶接ヒューム中に Cr が 8-19％含まれ，Ni は 0.8-2.6％含まれます。この違いはそれぞれの蒸気圧の高さによります。溶接ヒューム中のクロムは主に低酸化状態の三価クロムとして存在していますが，一部はより有害性が高い高酸化状態の六価クロムとして存在しています。溶接ヒューム中の六価クロムの含有割合の高さは溶接棒，フラックス入りワイヤ，ソリッドワイヤの順となります。これは，金属はアルカリ性の雰囲気中の方がより高酸化状態になりやすいためであり，ナトリウムやカリウムといったアルカリ成分をより多く含む溶接材料からの溶接ヒュームの方が六価クロムの含有率が高くなります。

c）銅およびアルミニウム合金の溶接

　銅用被覆アーク溶接時の溶接ヒュームは銅が酸化銅として 40％程度含まれています。加えて，酸化ケイ素および酸化マンガンがそれぞれ 15-20％含まれています。アルミニウム合金のミグ溶接のヒュームでは酸化アルミニウムが 80％以上含まれています。A4043（Al-5％ Si）では約 8％の酸化ケイ素，A5183（Al-5％ Mg）では，約 13％の酸化マグネシウムが含まれています。マグネシウムの含有量が多いのは蒸気圧が高いためです。

d）塗装鋼板の溶接

　塗装鋼板を溶接した場合には塗料中の成分が溶接ヒュームに含まれてきます。無機ジンクプライマ，エポキシジンクプライマといった亜鉛を多く含む一次防錆塗料を塗布した鋼板では，金属熱を引き起こしやすい成分として知られる酸化亜鉛が溶接ヒューム中に 12 ～ 28％含まれています。

1.3　各種溶接方法におけるヒューム発生量

　溶接ヒュームの発生量は，溶接方法や溶接材料の種別によって大きく異なります。その例を表 2.3 に示します。溶接ヒューム発生量は通常 1 分間当たりの量として測定されています。溶接ヒューム発生量は，見かけ上の溶接ヒュームの多少を表すものであり，一般的には，目視では，この数字が 2 倍または 1/2 くらい変化しないと発生量の変化を

認知することは難しいものです。

　溶接方法の種類によるヒューム発生量は，次のとおりです。

a）CO_2アーク溶接および被覆アーク溶接

　ガスメタルアーク溶接法（マグ／ミグ溶接法）は図1.4に示しますように消耗電極ワイヤ（ソリッドまたはフラックス入り）を一定速度で送給しながらアークを発生させる方法であり，溶接部を大気から保護するため，ArやCO_2をシールドガスとして用います。Arなどの不活性ガスを用いる場合をミグ溶接といい，クリーニング作用が利用できるので，アルミニウムの高能率な溶接が可能です。

　CO_2アーク溶接と被覆アーク溶接を比較するとCO_2アーク溶接の方が1分間当たりの溶接ヒューム発生量が多くなります。一般に，フラックス入りワイヤはソリッドワイヤよりも溶接ヒューム発生量がやや多い傾向にありますが，最近では，ソリッドワイヤに近いレベルまで溶接ヒューム発生量を低下させた溶接ワイヤもあります。

b）サブマージアーク溶接

　アーク溶接方法の中で高温の部分がフラックスで覆われているサブマージアーク溶接は，最も溶接ヒューム発生量が少ない溶接法の1つです。表2.3に示しますように，高電流にもかかわらず被覆アーク溶接やCO_2アーク溶接より1桁少なくなります。ただし，使用するフラックスや裏当て材の種類によっては，有害なガスが発生することもあります。

表2.3　溶接ヒューム発生量の一例

溶接法	対象鋼種	溶接材料種類	溶接電流	ヒューム発生量 (mg/min)
CO_2アーク溶接	軟鋼および490MPa級高張力鋼	ソリッドワイヤ	280A	630
		フラックス入りワイヤ	280A	697
	ステンレス鋼	フラックス入りワイヤ	200A	480
被覆アーク溶接	軟鋼および490MPa級高張力鋼	イルミナイト系	170A	415
		ライムチタニヤ系		250
		高酸化チタン系		256
		鉄粉酸化鉄系		280
		低水素系	170A	308
	ステンレス鋼	–	140A	229
サブマージアーク溶接	軟鋼および490MPa級高張力鋼	ソリッドワイヤ×フラックス	1200A	40
セルフシールドアーク溶接	軟鋼および490MPa級高張力鋼	フラックス入りワイヤ	300A	2480

備考：JIS Z 3930（アーク溶接のヒューム発生量測定方法）による測定

c）セルフシールドアーク溶接

　シールドガスを用いないセルフシールドアーク溶接はワイヤから発生するフラックスが溶融・蒸発による高温蒸気自身で溶滴をシールドするため，高温蒸気が溶接ヒューム化する割合が大きくなります。このため，この溶接方法はアーク溶接方法の中で溶接ヒューム発生量が最も多くなる溶接方法です。

d）ティグ溶接

　ガスシールドアーク溶接の中でも，ティグ溶接では電極自体が溶解しないため，アーク温度が高いにもかかわらず，溶接ヒューム発生量は極めて少ない溶接方法です。

1.4　溶接ヒューム発生量に及ぼす溶接条件などの影響

　溶接電流などの溶接条件が溶接ヒューム発生量に影響する例を次に示します。

a）CO_2 アーク溶接における溶接条件の影響

　軟鋼および 490MPa 級高張力鋼用ソリッドワイヤおよびフラックス入りワイヤを用いた CO_2 アーク溶接において，溶接ヒューム発生量に及ぼす溶接電流の影響を図 2.5 に示します。溶接電流が増加すると，溶接ヒューム発生量は増加します。溶接ヒューム発生量に及ぼすアーク電圧の影響を図 2.6 に示します。溶接電流の場合と同様に，アーク電圧の増加とともに溶接ヒューム発生量は増加します。

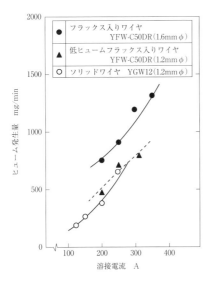

図 2.5　溶接電流と溶接ヒューム発生量の関係
注記　溶接材料の JIS は 2002 年以前に発行されたものです。

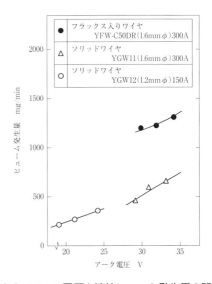

図 2.6　アーク電圧と溶接ヒューム発生量の関係
注記　溶接材料の JIS は 2002 年以前に発行されたものです。

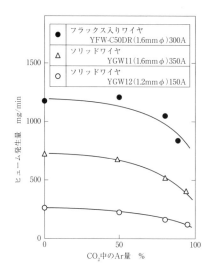

図2.7　シールドガス組成と溶接ヒューム発生量の関係
注記　溶接材料のJISは2002年以前に発行されたものです。

　シールドガスにCO_2とArの混合ガスを使用した時のAr添加量による溶接ヒューム発生量の影響を図2.7に示します。溶接ヒューム発生量はAr添加量の増加とともに減少します。なお，シールドガス流量を変化させても，適性範囲内（10〜30 m L/min）では，溶接ヒューム発生量の顕著な変化は見られません。

　溶接ヒューム発生量は，チップ・母材間距離が増加すると低下します。また，溶接ヒューム発生量はトーチ角度によっても変化し，トーチ角度が0度（母材に垂直）の場合発生量が最も少なく，後退角あるいは前進角にするなどトーチ角度を増加させると，発生量が増加します。

b）CO_2アーク溶接の溶接ヒューム発生量とワイヤ組成の関係

　CO_2アーク溶接における溶接ヒューム発生量に及ぼすワイヤ組成の影響を図2.8に示します。ワイヤ中のCの減少，Mn，Si，Ti，Alの増加とともに溶接ヒューム発生量は減少する傾向があります。

　ソリッドワイヤによるCO_2アーク溶接では，溶接ヒュームは主として短絡からアーク発生に移行する際に発生しています。各種ワイヤの短絡回数とヒューム発生量との関係を図2.9に示します。溶接ヒューム発生量は短絡回数の減少とともに低減する傾向が見られます。

　フラックス入りワイヤを用いたCO_2アーク溶接における溶接ヒューム発生量に及ぼすワイヤ組成の影響を，図2.10に示します。溶接ヒューム発生量は，CaF_2の減少，TiO_2，Fe-Si，Al_2O_3の増加によって減少する傾向がありますが，鉄粉，Fe-Mnの影響

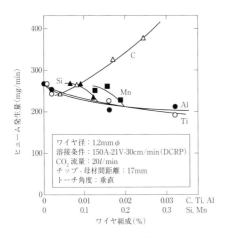

図 2.8　ソリッドワイヤの溶接ヒューム発生量
　　　　に及ぼすワイヤ組成の影響

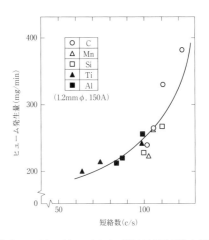

図 2.9　ソリッドワイヤにおける短絡数と溶接
　　　　ヒューム発生量の関係

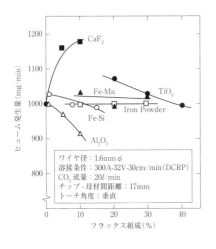

図 2.10　フラックス入りワイヤの溶接ヒューム
　　　　　発生量に及ぼすフラックス成分の影響

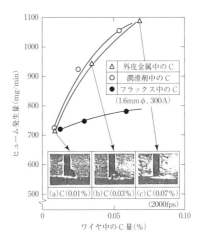

図 2.11　フラックス入りワイヤの溶接ヒューム
　　　　　発生量に及ぼすワイヤ中のC量の影響

はあまりありません。フラックス入りワイヤを用いた CO_2 アーク溶接における溶接
ヒューム発生量に及ぼすC（炭素）量の影響を，図 2.11 に示します。溶接ヒューム発
生量は，ワイヤ中のC量の減少にともなって減少し，特に外皮金属および潤滑剤中のC
量の減少はヒューム発生量の低減に非常に大きな効果があります。

c）被覆アーク溶接の溶接ヒューム発生量に及ぼす溶接条件の影響

　軟鋼用イルミナイト系被覆アーク溶接棒における溶接ヒューム発生量と溶接電流の関
係を図 2.12 に示します。溶接ヒューム発生量は，溶接電流のほぼ 2 乗に比例しており，

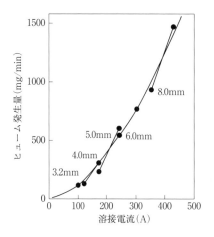

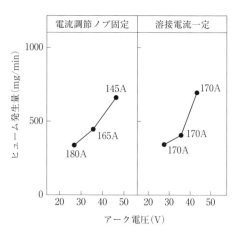

図 2.12　被覆アーク溶接棒における溶接電流に対する溶接ヒューム発生量

図 2.13　被覆アーク溶接棒におけるアーク電圧に対する溶接ヒューム発生量との関係

溶接電流が2倍になれば溶接ヒューム発生量はほぼ4倍に，溶接電流を10％増加させると溶接ヒューム発生量は約20％増加します。軟鋼用イルミナイト系被覆アーク溶接棒における溶接ヒューム発生量とアーク長の関係を図 2.13 に示します。アーク長を長くするとアーク電圧が高くなり，それにともなって溶接ヒューム発生量が増加します。

　溶接棒の保持角度も溶接ヒューム発生量に影響し，ビードオンプレート溶接で溶接棒を45度傾けると，90度で溶接した時より溶接ヒューム発生量は約35％増加します。測定はいずれも交流溶接によるものですが，極性が変われば当然ヒューム発生量も変化します。AC，溶接棒＋（DC（＋））および溶接棒－（DC（－））における溶接ヒューム発生量を比較したものを図 2.14 に示します。溶接ヒューム発生量は，いずれの被覆剤

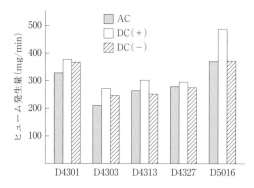

図 2.14　被覆アーク溶接棒における極性に対する溶接ヒューム発生量
（棒径：4mm，溶接電流：160A）

注記　溶接材料を規定した JIS は 2002 年以前に発行されたものです。

の系統でも，溶接棒＋（DC（＋））で最も多くなります。

d）塗装鋼板溶接時の溶接ヒューム発生量

ソリッドワイヤを用いてプライマ塗装鋼板を CO_2 アーク溶接した場合の溶接ヒューム発生量を図 2.15 に示します。溶接ヒューム発生量は，いずれの溶接電流でも，プライマ塗装鋼板の方が無塗装鋼板よりも多く，無機ジンクおよびエポキシジンクの方がウォッシュプライマよりも多くなります。表 2.4 に示した溶接ヒュームの化学組成において，無機ジンクおよびエポキシジンク塗布鋼板を溶接したときに発生する溶接ヒュー

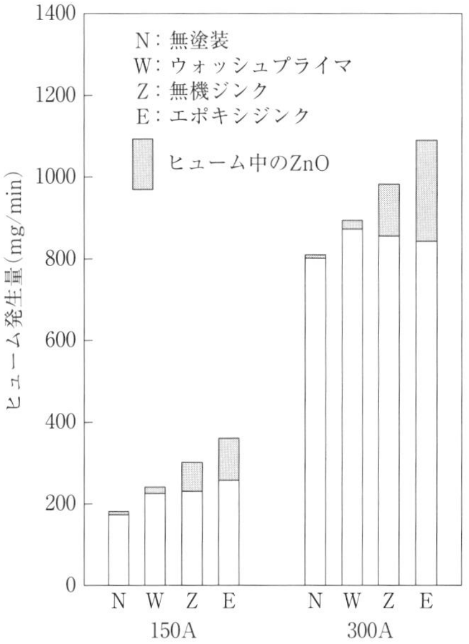

図 2.15　ソリッドワイヤを用いたプライマ塗装鋼板の CO_2 溶接における溶接ヒューム発生量

表 2.4　塗装鋼板溶接ヒュームの化学組成の一例（%）

溶接法	溶接材料	溶接電流（A）	プライマ	Fe_2O_3	SiO_2	MnO	ZnO
CO_2 アーク溶接	YGW12（ソリッドワイヤ）	150	無塗装	78.11	10.10	10.30	－
			ウォッシュプライマ	76.14	9.40	9.85	3.16
			無機ジンクプライマ	58.81	7.35	7.23	23.81
			エポキシジンクプライマ	52.73	6.65	7.50	28.17
		300	無塗装	75.78	10.70	13.36	－
			ウォッシュプライマ	72.39	10.30	12.38	2.07
			無機ジンクプライマ	67.03	8.50	10.05	12.76
			エポキシジンクプライマ	58.81	6.35	7.75	22.57

ムに含まれる酸化亜鉛量は 10 〜 30％程度です。溶接ヒューム中の酸化亜鉛量を図 2.15 において斜線で示しますと，酸化亜鉛量を差し引いた溶接ヒューム発生量は無塗装のそれとほぼ同等となり，溶接ヒューム発生量の増加は酸化亜鉛の増加によると考えられます。

2　作業環境の評価

2.1　個人ばく露測定

個人ばく露測定に関する事項の詳細は，次のとおりです。

a）空気中の溶接ヒュームの濃度の測定

金属アーク溶接等作業を継続して行う屋内作業場において，溶接ヒュームのばく露防止用に有効な呼吸用保護具を選択するために，溶接ヒュームの濃度測定が義務付けられました。溶接ヒュームの濃度測定は個人のばく露に関係するため，個人ばく露測定により行われます。呼吸用保護具を選択するための要求防護係数を求めることを目的とした測定であり，個人サンプラーによる作業環境測定ではありません。なお，個人ばく露測定の精度を担保するため，試料採取方法および測定方法の決定ならびに試料採取機器の選定については，第一種作業環境測定士等の十分な知識および経験を有する者により実施されるべきものです。

b）測定が必要な作業場

金属アーク溶接等作業を継続して行う屋内作業場で，当該作業の方法を新たに採用しようとするとき，または変更しようとするときは，溶接ヒュームの濃度測定が必要です。なお，「変更しようするとき」には，以下の場合が含まれます。

・溶接方法が変更された場合
・溶接材料，母材や溶接作業場所の変更が溶接ヒュームの濃度に大きな影響を与える場合

c）試料空気の採取

試料空気の採取は，個人ばく露測定（金属アーク溶接等作業に従事する労働者の身体に装着する試料採取機器を用いる方法）により行います。この場合，図 2.16（a）のように試料採取機器の採取口は，溶接作業者の呼吸する空気中の溶接ヒュームの濃度を測定するために最も適切な部位に装着します。これに適する領域を呼吸域と呼び，この測定では，当該労働者が使用する呼吸用保護具の外側で，両耳を結んだ直線の中央を中心とする半径 30cm の顔の前方に広がった半球の内側のことをいいます。

試料採取機器は溶接作業者が装着して作業を行っても支障のない位置に装着します。

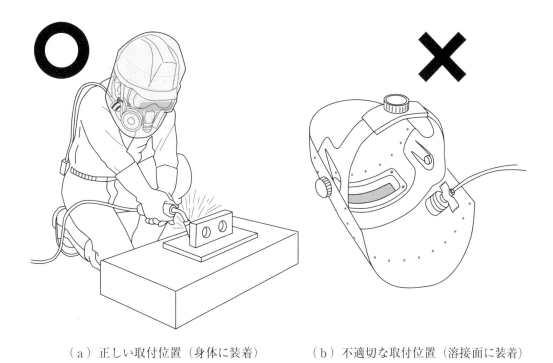

（a）正しい取付位置（身体に装着）　　　（b）不適切な取付位置（溶接面に装着）

図 2.16　試料採取機器の採取口の取付位置

呼吸用保護具を使用することにより，試料採取機器の採取口を呼吸域に装着できない場合は呼吸域にできるだけ近い位置で，溶接用保護面の内側の身体に装着します。ただし，試料空気の採取の時間は，e）に記載されている金属アーク溶接等作業に従事する全時間であり，この間に溶接面を用いない時間も含まれていることから，図 2.16（b）のように溶接面に試料採取機器を取り付けると，溶接を行っていない場合（準備作業・グラインダ作業など）の測定ができなくなりますので，採取機器は溶接作業者に正しく装着しなければなりません。

d）試料空気の採取の対象者

　試料採取機器の装着は，金属アーク溶接等作業のうち溶接作業者がばく露される溶接ヒュームの量がほぼ均一と見込まれる作業（以下，均等ばく露作業）ごとに，それぞれ，適切な数（2人以上）の溶接作業者に対して行います。ただし，1人の溶接作業者により採取を行う場合，必要最小限の間隔をおいた2以上の作業日において，試料採取機器を装着する方法により，試料採取を行わなければなりません。

　なお，均等ばく露作業には，溶接方法が同一であり，溶接材料，母材および溶接作業場所の違いが溶接ヒューム濃度に大きな影響を与えないことが見込まれる作業が含まれます。

e）試料空気の採取の時間

　試料採取を行う作業日ごとに，作業者が金属アーク溶接等作業に従事する全時間について試料採取を行います。採取時間を短縮することはできません。

［金属アーク溶接等作業に従事する全時間］

　溶接ヒューム濃度の測定時間の例を図2.17に示します。図2.17（a）の場合の全時間とは，単に溶接を行っている時間だけではなく，金属アーク溶接等作業の準備，研磨，後片付け等の関連作業の時間も含みます。ただし，金属アーク溶接等作業と関係しない組立，塗装等の作業の時間は含まれません。図2.17（b）は，関連作業を行いながら，複数の溶接作業を行った場合の測定時間の例です。溶接ヒューム濃度の測定を断続的に行ったために複数の測定値があります。測定時間に対する時間荷重平均（TWA）により，金属アーク溶接等作業に従事した全時間の溶接ヒューム濃度を評価します。

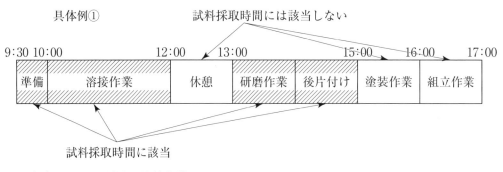

（a）一日一回だけの溶接作業

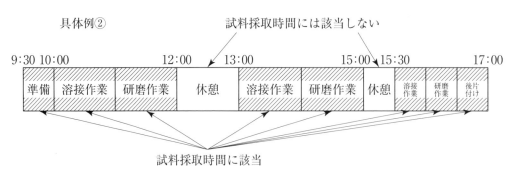

（b）一日複数回の溶接作業

図2.17　溶接ヒューム濃度の測定方法

f）試料採取方法

　試料採取方法は，分粒装置を用いるろ過捕集方法[a]などです。

　　注a）　作業環境測定基準（昭和51年労働省告示第46号）第二条第二項の要件に該当する方法

g）分粒装置

　分粒装置は，個人ばく露測定用捕集装置の採取口部分に有り，試料空気中の粉じんをレスピラブル粉じん（吸入性粉じん：粒径4μmにおいて，50％カットされたもの）に分粒するものです。分粒装置の分粒方式には，慣性衝突式やサイクロン式などがあります。図2.18は，慣性衝突式分粒装置による個人ばく露測定用捕集装置の例です。この装置に規定されている吸引流量および記録した吸引時間を用いて分析を行います。

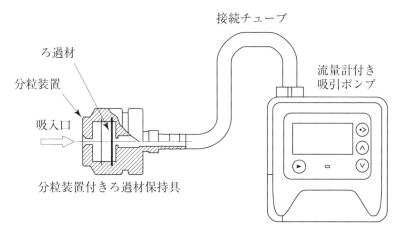

図2.18　個人ばく露測定用捕集装置の例

h）分析方法

　吸光光度分析方法，原子吸光分析方法などにより，溶接ヒューム中のマンガンの濃度を求めます。

　分析の定量下限値は，呼吸用保護具を選択するための要求防護係数の計算の際に用いるマンガンの参考値0.05mg/m³の1/10以下（すなわち0.005mg/m³）にする必要があります。

i）測定記録の保存

　測定を行ったときは，その都度，必要な事項を記録し，これを当該測定に係る金属アーク溶接等作業を行わなくなった日から起算して3年を経過する日まで保存しなければなりません。

3　作業環境改善

　金属アーク溶接等作業を継続して行う屋内作業場については，溶接ヒュームを減少させるため，全体換気装置による換気の実施またはこれと同等以上の措置を講じなければなりません。ただし，この場合，発生するガス，蒸気若しくは粉じん（溶接ヒュームを含む）の発生源を密閉する設備，局所排気装置またはプッシュプル型換気装置を設ける必要はありません。

4　全体換気装置

　全体換気装置は，ファン，送風機などの動力を用いて新鮮な空気を建屋内に定常的に流入させ，作業場全体を換気する装置です。なお，開けたドアや窓などからの自然な空気の流れによって，溶接等作業場の換気を行う方法（自然換気）は，動力を用いないことから全体換気とはみなされませんが，全体換気装置の補助的手段として夏季などは，積極的に利用することが望ましい方法です。

4.1　全体換気装置の種類
　全体換気装置は，**表 2.5** のように送気式，排気式および併用式（送気式＋排気式）の 3 方式があります。

表 2.5　全体換気装置の種類

方式	特　徴
送気式	送風機を用いて送風し，発生した粉じん及びガスを希釈するもの。
排気式	屋根に取り付けた排気ファンや壁に取り付けた換気扇などにより，作業場所内に発生した粉じんおよびガスを屋外に排出するもの（天井換気方式）（**図 2.19** 参照）。
	大きな作業場において，中間滞留層に停滞している粉じんおよびガスを，水平方向の気流に乗せて建物側面のフードに吸引して排気するもの（平行層流排気方式）
併用式	プッシュフードにより，中間滞留層に停滞している粉じんをゾーン換気によってプルフードに吸引して排気するもの（プッシュプルゾーン換気方式）（**図 2.20** 参照）。

4.2　全体換気装置の設置に際しての注意事項
　全体換気装置の設置を行う際，建屋の容積や構造，溶接ヒュームの発生状況，溶接等作業者の人数，周辺作業者の人数，作業方法など次の事項を考慮する必要があります。

ａ）空気取り入れ口および排気口は，空気のよどみがないようにできるだけ多くし，作業場全体が換気されるように配置します。

ｂ）建屋内に取り入れた空気は，そのまま気流として流さず，建屋内の空気とよく混ざ

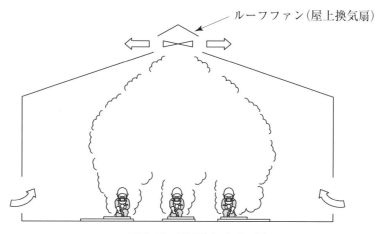

図 2.19　天井換気方式の例

図 2.20　プッシュプルゾーン換気方式の例

るようにします。

c ）排気口に至るまでの作業空間において，溶接ヒュームおよびガスが吸引されるのを
妨害する気流を作らないようにします。

d ）アーク熱の上昇気流に乗って上昇した溶接ヒュームは，床面から約5〜6mの高さ
で停滞し，時間の経過とともに沈降するため，換気装置を屋根のような高いところ
に設置することは効果的ではありません。よって，停滞している溶接ヒュームを除
去するには，平行層流方式が有効です。

e ）排気口は，溶接作業場の近くに設けるようにし，溶接作業場以外の場所での溶接
ヒューム濃度が低くなるようにします。

f ）建屋内で，いろいろな業種の作業者が一緒に作業をしている場合は，換気を効率よ
く行うために，溶接等作業はできるだけ1ヵ所に集約します。

4.3　全体換気装置の使用に際しての注意事項

　全体換気装置の使用に際して，次の注意事項を守る必要があります。

a）全体換気装置は，溶接等作業中は稼動し続け，かつ，フードに至るまでの溶接ヒューム，粉じんおよびガスを含む気流が妨害されないような状態になっていなければなりません。

b）全体換気装置による換気が適切に行われているか否かを確認するために，JIS Z 3950 および JIS Z 3952 に基づいて，作業環境の粉じん濃度およびガス濃度を測定することが推奨されます。

c）全体換気装置の使用方法に関する手順書を作成していなければなりません。

4.4　全体換気装置の点検および保守管理

　全体換気装置の点検および保守管理に関する手順書を作成しなければなりません。また，定期的に次の項目について点検を実施する必要があります。

a）ファンの作動状態の確認

b）フードおよびダクトまでの排気を妨害する箇所の有無

c）フードおよびダクトでの排気空気の漏れの有無

5　局所排気装置

　金属アーク溶接等作業を行う屋内作業場については，全体換気による換気の実施，またはこれと同等以上の措置を行わなければなりません。この場合において，金属アーク溶接等作業において発生するガス，蒸気若しくは粉じんの発散源を密閉する設備，局所排気装置またはプッシュプル型換気装置を設ける必要はありません（特化則第38条第21項）。

　金属アーク溶接等作業では，局所排気装置に規定されている制御風速で動作させた場合，溶接欠陥を生じる可能性が大きくなります。このため，局所排気装置を作動させる場合，吸引フードをアーク点から離れた場所に設置するなどして，その風速に注意する必要があります。

　局所排気装置は，発散源の近傍に設置した吸引フードで有害物質を吸引除去する装置です。有害物質の発散源が局部的な場合は，作業空間に拡散したものを全体換気装置で除去するよりも，局所排気装置を用いて発散源で吸引捕集して除去する方がより効率が高いものとなります。

　本書では，局所排気装置の一般的な内容を記載していますので，金属アーク溶接等作業場で利用する場合は，適用可能なものを選択し，実用可能な条件に設定してください。

44

5.1　局所排気装置の構成および種類

　局所排気装置の種類を**表2.6**に示します。定置式は，装置全体が固定され，原則として排気口は建屋の外に設置される方式です。定置式のフード形式には囲い式，外付け式およびレシーバー式の3種類があり，そのほかフードがフレキシブルダクトに取り付けられた可動式があります。局所排気装置（定置式）の例を**図2.21**に示します。

表 2.6　局所排気装置の種類

方式	分類上の区別	フードの型式	除じん装置
定置式	粉じんおよびガスの発散源がフードの囲いの中に存在するもの	囲い式（ブース型）	固定
	粉じんおよびガスの発散源がフードの開口面の外に存在するもの	外付け式 ・側方吸引型 ・下方吸引型 ・斜上方吸引型 レシーバー式 ・上方吸引型	
可動式	フレキシブルダクトなどに取り付けたフードから粉じんおよびガスを吸引するもの（既存ダクトへ接続）		

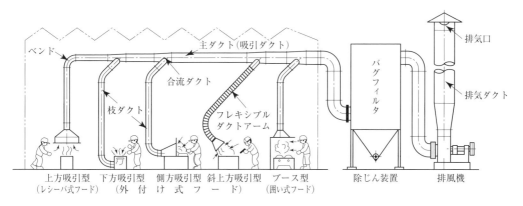

図 2.21　局所排気装置（定置式）の例

5.2　局所排気装置の要件

　局所排気装置の代表的な構造要件について，次の通りに示します。

a）吸引フード

　吸引フードは，発散源近傍に設置して環境空気の吸入口であり，吸引する位置によって囲い式，外付け式およびレシーバー式に分類され，次の事項を満足しなければなりません。

①外付け式またはレシーバー式のフードは発散源にできるだけ近い位置に置かなければなりません（特化則第7条第1項）。

②作業方法，作業条件などを考慮して有害物質の吸引効率ができるだけ高くなる形状を選択しなければなりません。

③作業者の呼吸域を通過して粉じんが吸引されるような位置に置いてはなりません。

b）吸引ダクト

吸引ダクトは，吸引フードで吸引した環境空気を運ぶ管で，吸引フードと除じん装置を結ぶ吸引ダクト，除じん装置，排気ファンおよび換気口を結ぶ排気ダクトに区分されていて，次の事項を満足しなければなりません。

①長さはできるだけ短く，ベンドの数はできるだけ少なくしなければなりません。（特化則第7条第1項）。

②ダクト中に粉じんが堆積しにくい風速に設定しなければなりません。

③適当な箇所に掃除口を設けなければなりません（特化則第7条第1項）。

④スパッタなどによる焼損を防止するために，不燃性の材料を用いなければなりません。

c）除じん装置

除じん装置は，フードで吸引した環境空気中の粉じんを除去し，環境空気を清浄にする装置です。除じん装置は，ヒュームによって排気ファンが損傷しないように，排気ファンの前に取り付けます。（特化則第7条第1項）

d）排気口

排気口は除じん装置によって清浄化した環境空気を排気するための開口部であり，次の事項を満足しなければなりません。排気口は屋外に設けられていなければなりません。（特化則第7条第1項）

なお，排気口を屋外に設置する場合，建物の軒よりも高くし，窓や扉からできるだけ離すことが望ましく，また雨水などが入らないような対策も必要です。

5.3　局所排気装置の制御風速

特定化学物質障害予防規則では，昭和50年労働大臣告示75号に規定されている制御風速を満足しなければなりません。対象とする物質がガス状か粒子状かにより制御風速が異なるので，粒子状のものについて，表2.7に示します。

ただし，金属アーク溶接等作業においては，この制御風速で吸引すると溶接欠陥が発生する可能性があります。このため，特化則では，金属アーク溶接等作業で局所排気装置の使用を義務付けていません。

表 2.7　局所排気装置の制御風速（特化則）

物の状態	制御風速（m/s）
粒子状	1.0

注記1　この表における制御風速は，同時に使用することのある局所排気装置の全てのフードを開放した場合の制御風速をいう。
注記2　この表における制御風速は，フードの型式に応じて，それぞれ次に掲げる風速をいう。
　　　a）囲い式フードにあっては，ブース式フードの開口面における最小風速。
　　　b）外付け式フード又はレシーバー式フードにあっては，溶接作業等発生に係る作業位置のうち，発散する粉じんを当該フードにより吸引しようとする範囲内における，フードの開口面から最も離れた作業位置の風速

5.4　局所排気装置の点検および保守管理

　局所排気装置を正常稼働させるためには，日常点検では点検できない箇所を中心に，次に示します定期自主検査等を行うことが特化則で義務付けられています。

a）定期自主検査の実施

　局所排気装置は，1年以内ごとに1回，定期に，次の項目について検査を行わなければなりません（特化則第30条）。
①フード，ダクト，除じん装置及びファンの摩耗，腐食，くぼみ，その他損傷の有無及びその程度
②ダクト，排風機および除じん装置におけるじんあいの堆積状態
③ダクトの接続部におけるゆるみの有無
④電動機とファンとを連結するベルトの作動状態
⑤吸気及び排気の能力
⑥ろ過除じん方式の除じん装置にあっては，ろ材の破損又はろ材取付部等の緩みの有無

b）定期自主検査の記録

　局所排気装置の定期自主検査を行ったときは，次の項目を記録して，これを3年間保存しなければなりません（特化則第32条）。
①検査年月日
②検査方法
③検査箇所
④検査の結果
⑤検査を実施した者の氏名
⑥検査の結果に基づいて補修などの措置を講じたときは，その内容を記録しなければなりません。

c）点検および記録

①点検の実施

　　局所排気装置を初めて使用するとき又は分解して改造若しくは修理を行ったときは，定期自主検査の各項目について点検を行わなければなりません。(特化則第 33 条)。

②点検の記録

　　点検を行ったときは，定期自主検査と同じ事項を記録し，これを三年間保存しなければなりません（特化則第 34 条の 2）。

③その他性能を保持するための必要な事項

d）補修

　　局所排気装置の定期自主検査又は点検において異常を認めたときは，直ちに補修その他の措置を講じなければなりません。(特化則第 35 条)

5.5　金属アーク溶接等作業における局所排気装置の使用上の注意

　　局所排気装置を使用するに際しては，次の事項に注意を払ってください。

a）有効な稼働

　　作業が行われている間，局所排気装置は，有効に稼働させなければなりません。

b）溶接欠陥の発生防止

　　シールドガスを用いる溶接方法では，作業中に吸引風速が大きいと，シールドが不十分となり，溶接部にブローホールなどの欠陥またはアークの乱れを生じるため，アーク点における風速が 0.5m/s 以下にすることが推奨されています。初めての局所排気装置の使用，改造，修理などを行った場合には，あらかじめ予備試験を行って，溶接部に欠陥が発生しないことを確認しなければなりません。

c）作業環境濃度の測定

　　局所排気装置による設定した排気が行われているか否かを確認する場合，作業環境の粉じん濃度およびガス濃度の測定に JIS Z 3950 および JIS Z 3952 が参考になります。

d）スパッタ吸入による発火の防止

　　母材上の防錆油などの可燃物がフィルタに付着すると，吸引したスパッタによって発火することがありますので，その防止に十分留意しなければなりません。

e）使用手順書の作成

局所排気装置の使用に際しての使用手順書を作成しなければなりません。

6 プッシュプル型換気装置

プッシュプル型換気装置は，吹き出し側フードからプッシュ気流を送ることによって，換気区域に一様な捕捉気流を形成させて有害物質（溶接ヒュームおよびガスを含む）を捕捉し，吸込み側フードに取り込んで排出する装置です。

なお，換気区域とは，図 2.23 に示しますように，吹出し側フードの周囲の任意の点と吸込み側フードの周囲の任意の点を結ぶ線分で囲まれるプッシュプル気流が通る空間です。また，捕捉気流とは，有害な物質の発散源，またはその付近を通り吸込み側フードに向かう気流で，捕捉面での気流の方向および風速が一様なものをいいます。

平成 10 年 3 月 25 日労働省令第 10 号において，粉じん則および安全衛生規則の一部が改訂され，特定粉じん作業において「プッシュプル型換気装置」は局所排気装置と同等な換気装置として認められました。なお，要件等については，特化則ならびに同第 7 条第 2 項第 4 号で定める平成 15 年 12 月 10 日厚生労働省告示第 377 号に示されており，以下に代表的な内容を示します。

6.1 プッシュプル型換気装置の種類

プッシュプル型換気装置は，周囲を板などで囲んだ「密閉式」およびプッシュ気流だけで物理的な囲いがない「開放式」に大別されます。プッシュプル型換気装置の種類を図 2.22 に示します。

図 2.22　プッシュプル型換気装置の種類

6.2 プッシュプル型換気装置の構成および各部の名称

プッシュプル型換気装置は，図 2.23 に示すように吹出し側フード，吸込み側フードおよび換気区域から構成されています。また，気流の向きは図 2.24 に示すように斜降流，水平流，および下降流に分類されます。

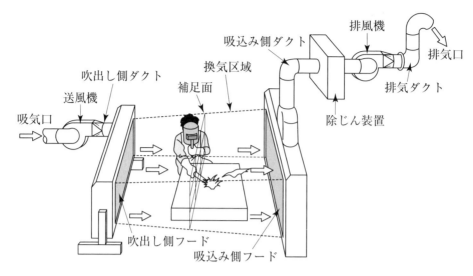

図 2.23　開放式プッシュプル型換気装置の構成例

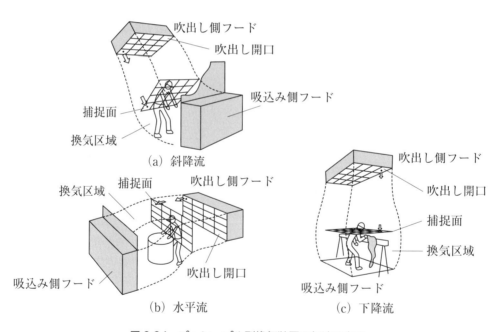

図 2.24　プッシュプル型換気装置の気流の向き

a）吹出し側フード

　プッシュプル気流の吹出し用フードで，送風機なし（密閉式）の場合は給気用開口。

b）吸込み側フード

　プッシュプル気流の吸込み用フード。

c）換気区域

　吹出し側フードの周囲の任意の点と吸込み側フードの任意の点を結ぶ線分で囲まれる，プッシュプル気流が通る空間。密閉式の内部はすべて換気区域となります。

d）捕捉面

　吸込み側フードの開口面から最も離れた発散源を通り，プッシュプル気流の方向に垂直な換気区域の断面。

6.3　プッシュプル型換気装置の構造要件

　プッシュプル型換気装置の代表的な構造要件について，次の通りに示します。(特化則第7条，平成15年12月10日厚生労働省告示第377号)。

a）密閉式の場合は，ブース内へ空気を供給する吹出し側（プッシュ側）フードの開口面又は給気用開口部と吸込み側（プル側）フードの開口部を除き，天井，壁および床が密閉されていなければなりません。

b）開放式の場合は，発散源が換気区域の内部に位置してなければなりません。

c）発散源から吸込み側フードへ流れる空気を作業者が吸入するおそれがない構造としなければなりません（そのために，下降流型とするか，吸込み側フードをできるだけ発散源に近い位置に設置する）。

d）ダクトは，その長さをできるだけ短くし，ベンド（曲がり）の数をできるだけ少なくし，かつ適当な箇所に掃除口が設けられている等掃除しやすい構造のものでなければなりません。(特化則第7条第2項)

e）除じん装置は，ヒュームによって排気ファンが損傷しないように，ファンの上流側に設けます。(特化則第7条第2項)

f）排気口は，屋外に設けられていなければなりません。(特化則第7条第2項)

6.4　プッシュプル型換気装置の性能要件

　プッシュプル型換気装置の性能要件は，次の通りです。(平成15年12月10日厚生労働省告示第377号)

a）捕捉面を16以上の等面積の四辺形（一辺の長さが2m以下ものに限る。）に分け，(四辺形の面積が0.25m^{2}以下の場合は，捕捉面を6以上の等面積の四辺形に分割)，換気区域内に作業対象物が存在しない状態で測定した各四辺形の中心における，捕捉面に垂直な方向の平均風速が0.2m/s以上とする。

b）各四辺形の中心における，捕捉面に垂直方向の風速が平均風速の1/2以上3/2倍以下とする。

c）開放式の場合には，換気区域と換気区域以外の区域の境界におけるすべての気流が

吸込み側フードの開口部に向かうようにする。

6.5　プッシュプル型換気装置の使用上の注意

プッシュプル型換気装置を使用するに際しては，次の事項に注意を払わなければなりません。

a）有効な稼動

金属アーク溶接等作業が行われている間，装置は，有効に稼動させなければなりません。

b）作業者の作業位置，および作業姿勢によるばく露

換気区域内で溶接等作業を行うときには，溶接作業者はプッシュ気流を妨げない作業位置および作業姿勢となるようにします。

c）溶接欠陥の発生防止

シールドガスを用いる溶接方法では，溶接等作業中に捕捉面風速が大きいと，シールドが不十分となり，溶接部にブローホールなどの欠陥またはアークの乱れが生じるため，アーク点における風速が，0.2m/s～0.5m/sになるように設定する必要があります。

d）使用中における溶接部の健全性の確認

初めてプッシュプル型換気装置の使用，改造，修理などを行った場合には，あらかじめ予備試験を行って，溶接部に欠陥が発生しないことを確認しなければなりません。

e）作業環境濃度の測定

プッシュプル型換気装置による換気が適切に行われているかどうかを確認する場合，作業環境の粉じん濃度およびガス濃度の測定に JIS Z 3950 および JIS Z 3952 が参考になります。

f）スパッタ吸入による発火の防止

母材上の防錆油などの可燃物がフィルタに付着すると，吸引したスパッタによって発火することがありますので，その防止に十分留意しなければなりません。

g）使用手順書の作成

プッシュプル型換気装置の使用に際しては，文書化した使用手順書を作成しなければなりません。

6.6　プッシュプル型換気装置の点検および保守管理

　プッシュプル型換気装置は，局所排気装置と同等の扱いとなるため次に示します定期自主検査等を行う必要があります。

a）定期自主検査の実施

　プッシュプル型換気装置は，1年以内ごとに1回，定期に，次の項目について検査を行わなければなりません（特化則第30条）。

①フード，ダクト，除じん装置及びファンの摩耗，腐食，くぼみ，その他損傷の有無及びその程度

②ダクト，排風機および除じん装置におけるじんあいのたい積状態

③ダクトの接続部における緩みの有無

④電動機とファンを連結するベルトの作動状態

⑤送気，吸気及び排気の能力

⑥ろ過除じん方式の除じん装置にあっては，ろ材の破損又はろ材取付部等の緩みの有無

⑦その他性能を保持するための必要な事項

b）定期自主検査の記録

　プッシュプル型換気装置の定期検査を行ったときは，次の項目を記録して，これを3年間保存しなければなりません（特化則第32条）。

①検査年月日

②検査方法

③検査箇所

④検査の結果

⑤検査を実施した者の氏名

⑥検査の結果に基づいて補修などの措置を講じたときは，その内容を記載します。

c）点検および記録

①点検の実施

　プッシュプル型換気装置を初めて使用するとき又は分解して改造若しくは修理を行ったときは，定期自主検査の各項目について点検を行わなければなりません。（特化則第33条）

②点検の記録

　点検を行ったときは，定期自主検査と同じ事項を記録し，これを三年間保存しなければなりません。（特化則第34条の2）

d) 補修

　プッシュプル型換気装置の定期自主検査又は点検において異常を認めたときは，直ちに補修その他の措置を講じなければなりません。（特化則第 35 条）

7　ヒューム吸引トーチ

　ヒューム吸引トーチは，溶接トーチの先端に吸引口が付いているもので，ガスシールドアーク溶接で発生する溶接ヒュームおよびガスを吸引口で吸引するものです。吸引した溶接ヒュームおよびガスは，空気清浄装置で処理されます。この構成例を図 2.25 に示します。

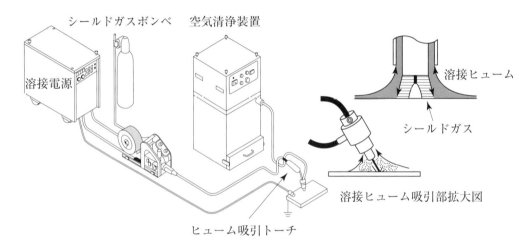

図 2.25　溶接ヒューム・ガス捕集装置の構成の例

8　補助的手段

　健康障害防止のための補助的な手段は，次のものがあります。

a) 直接吸入の防止

　溶接等作業を行う作業者は，溶接等作業時に発生する目に見える高濃度の溶接ヒュームを直接吸入しないように，風向きを考慮した身体の配置および姿勢を取らなければなりません。

b）自然換気

　自然換気は，開けたドアや窓などからの自然な空気の流れによって，溶接等作業場の換気を行う方法です。全体換気装置の補助手段として夏季などは，溶接作業場の状態を考慮して，自然換気の積極的な利用が有効です。

c）作業者への送風

　溶接等作業を行う作業者の側面または後方から送風することが推奨されます。呼吸領域における溶接ヒュームおよびガス濃度が高くならないように配慮しなければなりません。

8.1　空気清浄装置の使用

　溶接ヒュームなどの拡散を軽減する目的で空気清浄装置などを使用する場合は，次の点に留意しなければなりません。

a）高性能フィルタなどによって溶接ヒュームなどが取り除かれ，排気される空気が清浄化されていること

b）空気清浄装置の製造業者の推奨するメンテナンスを行い，風量およびろ過効率を維持すること

9　狭あいな場所での溶接ヒュームおよびガスによる障害の防止対策

9.1　立ち入り前の検査

　狭あいな場所での溶接等作業を行うに際しては，事前に酸素欠乏，有害物質などが存在しないことを確認しないで立ち入ってはなりません。

9.2　換気

　狭あいな場所では，溶接等作業において発生する溶接ヒュームおよびガスならびにシールドガスが蓄積し，酸素欠乏および有害成分の許容濃度を超える危険があるため，十分な換気を行わなければなりません。特に，CO_2 をシールドガスとして用いるアーク溶接作業では，CO_2 が還元され一酸化炭素（CO）が発生し，酸素欠乏と CO の濃度がリスク評価濃度（50ppm）を超える危険性が大きいので，作業場所の CO 濃度測定を行うとともに，十分な換気を行うようにしなければなりません。換気には，次の方法があります。

a）送・排気方式による換気

　部外の新鮮な空気を送風機によりダクトを通じて部内に送り込むとともに，部内の汚れた空気を排風機によりダクトを通じて部外に排出する方式です。送・排気ともに機械

力を利用するので必要換気量を確保することが容易になるとともに，必要な場所へ必要な量の清浄空気を供給することができます。この方式による換気の例を図2.26に示します。

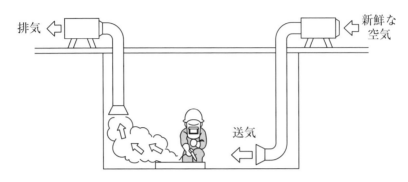

図2.26 送・排気方式による換気の例

b）排気方式による換気

　部内の汚れた空気を，排風機によってダクトを通じて部外へ排出する方式です。

　排気のみ機械力を利用するもので，有効な給気口と適切な給気口位置を有していなければなりません。この方式による換気の例を図2.27に示します。

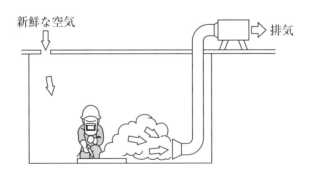

図2.27 排気方式による換気の例

c）送気方式による換気

　部外の新鮮な空気を，送風機によってダクトを通じて部内に送り込み，他の排気口から部内の汚れた空気を自然に排出する方式です。送気のみ機械力を利用するもので，有効な排気口と適切な排気口位置を有していなければなりません。この方式は，酸欠防止

には効果的ですが，排気口との位置関係によっては，ヒュームが十分に排気されない場合もありますので注意が必要です。また，作業者への送気は側面からが望ましいといわれていますが，狭あいな空間では排気口の位置などを考慮した上で，呼吸用保護具の吸気口付近のヒューム濃度が高くならないよう配慮しなければなりません。

　送気方式による換気の例を図 2.28 に示します。

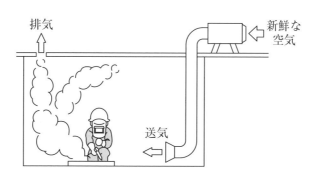

図 2.28　送気方式による換気の例

d）換気用空気

　換気に使用する空気は，有害物質が許容濃度を十分に下回る新鮮な空気でなければなりません。純酸素は，換気に使用してはなりません。

e）送排気の気流速度の制限

　ガスシールドアーク溶接作業では，アーク点近傍の気流の大きさが 0.5m/s を超えると溶接欠陥が発生する可能性があるため，アーク点近傍の気流の大きさは 0.5m/s 以下に調整することが推奨されます。その他シールドガスを使用する溶接においても，溶接欠陥が発生する可能性があるため，溶接点近辺の気流速度に注意してください。

f）換気を行う際の留意事項

　換気を行う際には，換気量だけではなく，気流方向や粉じんおよびガスの拡散，濃度分布の動態などにも配慮してください。
①送・排気ダクトエンドの溶接作業者側は，テーパーフードとすることが推奨されます。
②溶接等作業のために使用する送・排気用ダクトは，不燃性でなければなりません。

g）局所排気装置

　溶接等作業のために使用する局所排気装置には，不燃性のフレキシブルダクトおよび

フードを使用する必要があります。

9.3　ヒューム吸引トーチ

　ヒューム吸引トーチを使用する場合で，ヒュームコレクターにガスの除去機能がない場合は，空気清浄装置を外部に備えるか，ヒュームコレクターの排気口を外部に向けて排気を外部に排出しなければなりません。

9.4　溶接等作業中の危険監視

　溶接等作業中は，必要に応じ作業者ごとに CO 警報器を使用しなければなりません。CO 濃度の異常な上昇が見られた場合は，直ちに作業を中止し，安全な場所に移動してください。

9.5　保護具の着用

　狭あいな場所に立ち入る場合，溶接等作業を行う者および周辺作業者は，適正な呼吸用保護具を着用しなければなりません。

9.6　緊急措置

　作業員が狭あいな場所に立ち入る場合は，救助のための合図装置を備えるか，または一人作業にならないようにしなければなりません。

9.7　救助作業マニュアル

　万一，救助を要する場合を想定した救助マニュアルを作成するとともに全作業員に周知徹底しなければなりません。

第3章　保護具に関する知識

1　溶接等作業者が着用する保護具

　金属アーク溶接では溶接トーチあるいは溶接棒ホルダを用いて，図3.1のように溶接等作業を行っています。この作業では，次のような危険があります。

a）アーク光（強烈な光）

b）溶接ヒューム

c）スパッタ・スラグ（高温物の飛散）

d）感電

e）溶接ビード（高温）

f）鉄骨に囲まれている場合の頭部への危険性

g）高所作業

などが挙げられます。これらから溶接作業者を守るために，図3.2に示します個人用保護具を用いる必要があります。

　特に，溶接ヒュームは第2章1.1に記載されているとおり，非常に微小な粒子が単独

図3.1　ガスメタルアーク溶接（半自動溶接）

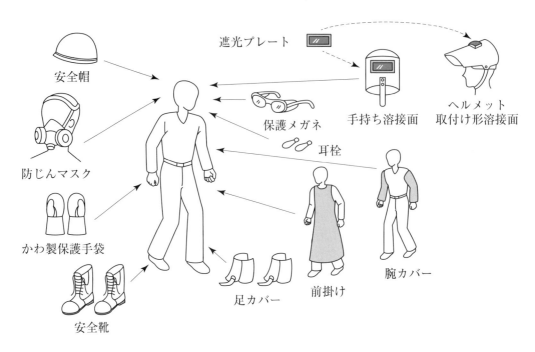

図 3.2　保護具装着の一例

または集合した状態で，空気中を浮遊しています。このため，溶接作業者が吸引すると，じん肺，発がんなどの健康障害の原因となります。特化則および粉じん則によって，金属をアーク溶接する作業では，適切な呼吸用保護具の着用が義務付けられています。

2　呼吸用保護具

　金属アーク溶接等作業では，溶接作業者の溶接ヒュームばく露防止が重要な課題となっています。このため，有効な呼吸用保護具としては，溶接ヒュームの吸入を防止できるものでなければなりません。

　金属アーク溶接等作業では，2.2 に示しますとおり溶接ヒューム中のマンガン濃度を測定した結果などに従って，適切な種類の呼吸用保護具を選択しなければなりません。選択結果は種々の呼吸用保護具が候補となりますが，金属アーク溶接等作業において，主に「防じんマスク」および「防じん機能を有する電動ファン付き呼吸用保護具（P-PAPR）」が選ばれます。これらの性能・構造などは，それぞれ "防じんマスクの規格" および "電動ファン付き呼吸用保護具の規格" で規定され，厚生労働省では，これらの規格に基づいて型式検定を行っています。金属アーク溶接等作業において，「防じんマスク」または「P-PAPR」を使用する場合は，必ず型式検定に合格したものでなければなりません。また，金属アーク溶接等作業では，アーク光，スパッタなどからの防護も

図 3.3 型式検定合格標章（防じんマスクの面体用）の例

必要となりますので，溶接用保護面などと併用できるものが要求されます。

　型式検定に合格した製品の呼吸用インタフェース（面体，フェイスシールド，フードの総称）およびろ過材には，型式検定合格標章（以下，合格標章）が貼付または直接表示されています。防じんマスクの面体用の例を図 3.3 に示します。装着する呼吸用保護具において，次の 3 項目を確認する必要があります。

a）製品に合格標章があることの確認（型式検定合格品であることの確認）
b）合格標章の記載内容から，使用を決めた種類であることの確認
c）呼吸用インタフェース，ろ過材などの構成品の合格標章の記載内容から，適切な組み合わせであることの確認

3 呼吸用保護具の種類

3.1 一般

　労働衛生で使用される呼吸用保護具の種類は，図 3.4 のような系統図で表されます。
　呼吸用保護具は，図 3.4 のとおり，ろ過式呼吸用保護具と給気式呼吸用保護具に大別されます。
　ろ過式呼吸用保護具は，着用者が作業する環境空気中の有害物質をろ過材などにより除去され，清浄になった空気を呼吸に使用する方式のものです。酸素欠乏（酸素濃度が18％未満の状態）の環境またはそのおそれがある環境では使用してはなりません。また，除去できる有害物質の種類や性状（物体の性質と状態）が限定されることに注意する必要があります。
　給気式呼吸用保護具は，着用者が作業する環境とは異なる環境（離れた場所，ボンベなど）から，呼吸に使用する空気（または酸素）を供給する方式のものです。
　防じんマスク，防毒マスクおよび電動ファン付き呼吸用保護具は，それぞれ，構造，性能などを規定した厚生労働省の構造規格があり，その要求事項を満たしていることを調べる型式検定が実施されています。
　厚生労働省の構造規格がない種類については，JIS 規格が参考規格として使用されます。

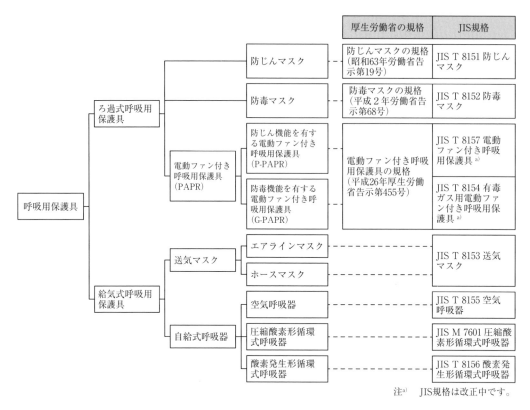

図3.4　呼吸用保護具の種類と対応規格

3.2　溶接等作業で使用される主な呼吸用保護具の特徴

　金属アーク溶接等作業では，溶接ヒュームを吸引しないことが最も重要であり，防じんマスク，P-PAPRおよび送気マスクが使用対象となります。ただし，どの種類を使用するかは，2.2に従って，ヒューム濃度や作業内容を考慮して決める必要があります。

　これらの構造，性能などは，次のとおりです。

3.3　防じんマスク

　防じんマスクは，"防じんマスクの規格"（昭和63年労働省告示第19号）に基づいて型式検定が行われているので，これに合格したものを使用しなければなりません。

　なお，防じんマスクの参考規格として，JIS T 8151があります。

3.4　防じんマスクの種類（構造による区分）

　防じんマスクは，構造によって取替え式防じんマスクと使い捨て式防じんマスクに区分されます。それぞれの詳細は，次のとおりです。

a）取替え式防じんマスク

　取替え式防じんマスクは，ろ過材，吸気弁，排気弁およびしめひもが交換できます。

　また，吸気補助具付き（図3.5）および吸気補助具なし（図3.6）があります。吸気補助具付きは，着用者の吸気の負担を軽減するための送風機能をもつ吸気補助具およびそれを駆動するための電源が附属しています。吸気補助具による送風は，呼吸を楽にするためのもので，電動ファン付き呼吸用保護具のように防護性能を高くすることを目的としたものではありません。

　取替え式防じんマスクの面体には，全面形面体と半面形面体とがありますが，金属アーク溶接等作業では，溶接面を併用しますので，必要とする防護性能を満たしていれば半面形面体のものが選択されます（図3.5および図3.6参照）。

b）使い捨て式防じんマスク

　使い捨て式防じんマスクは，一体となった「ろ過材および面体」ならびに「しめひも」からなり，"排気弁なし"と"排気弁付き"とがあります（図3.7参照）。

　防じんマスクの構造による区分，およびろ過材の種類を，それぞれ表3.1および表3.2に示します。

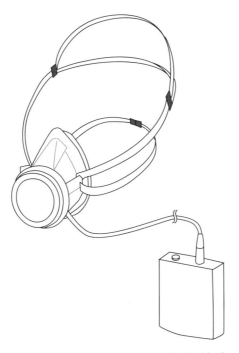

図 3.5　取替え式防じんマスク（吸気補助具付き）の例

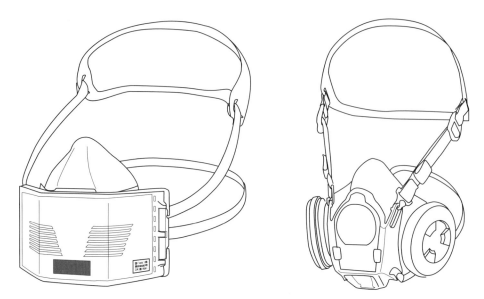

図 3.6　取替え式防じんマスク（吸気補助具なし）の例

表 3.1　防じんマスクの構造による区分

防じんマスクの種類		面体の種類	備考
取替え式防じんマスク	吸気補助具付き	半面形面体	図 3.5
		全面形面体	—
	吸気補助具なし	半面形面体	図 3.6
		全面形面体	—
使い捨て式防じんマスク		排気弁なし	図 3.7 (a)
		排気弁付き	図 3.7 (b)
注記　"防じんマスクの規格"には隔離式防じんマスクが規定されているが，現在は製造されていない。			

表 3.2　ろ過材の種類

種　　類		粒子捕集効率 %	試験粒子
取替え式防じんマスク	RL3	99.9 以上	DOP 粒子[a]
	RL2	95　以上	
	RL1	80　以上	
	RS3	99.9 以上	NaCl 粒子[b]
	RS2	95　以上	
	RS1	80　以上	
使い捨て式防じんマスク	DL3	99.9 以上	DOP 粒子[a]
	DL2	95　以上	
	DL1	80　以上	
	DS3	99.9 以上	NaCl 粒子[b]
	DS2	95　以上	
	DS1	80　以上	
注[a]　DOP（フタル酸ジオクチル）の液体粒子			
注[b]　NaCl（塩化ナトリウム）の固体粒子			

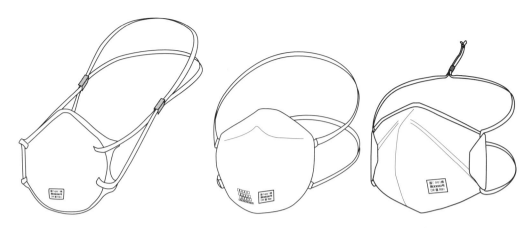

（a）排気弁なし使い捨て式防じんマスク

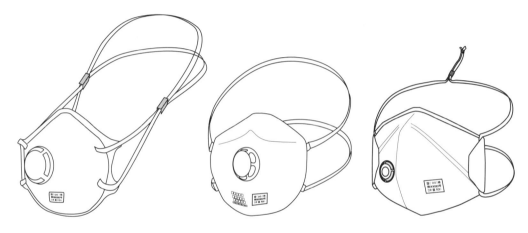

（b）排気弁付き使い捨て式防じんマスク

図 3.7 使い捨て式防じんマスクの例

3.5 防じん機能を有する電動ファン付き呼吸用保護具（P-PAPR）

P-PAPR は，ろ過式呼吸用保護具の一種で，着用者が携行する電動ファンによって環境空気を吸引し，その中に含まれる有害物質をろ過材で除去して清浄化した空気を着用者に送る方式のものです。面体形 P-PAPR は，面体内圧が常時陽圧を維持し，ルーズフィット形 P-PAPR（フェイスシールドまたはフードを有する P-PAPR）は，既定値以上の流量を送風するように設計されています。このため，防じんマスクより高い防護性能をもっています。

P-PAPR は，“電動ファン付き呼吸用保護具の規格”（平成 26 年厚生労働省告示第 455号）に基づく型式検定が行われていますので，これに合格したものを使用しなければなりません。なお，P-PAPR の参考規格として，JIS T 8157 があります。

3.6　P-PAPR の種類

P-PAPR の種類は，次のとおりです。

a）形状による区分

P-PAPR は，呼吸用インタフェースの種類によって，面体形とルーズフィット形に大別され，それぞれ隔離式と直結式に区分されます。

溶接等作業で使用対象となる P-PAPR の種類を表 3.3 に示します。

表 3.3　溶接等作業で使用対象となる P-PAPR の種類

PAPR の種類		溶接等作業に適する 呼吸用インタフェースの種類	備考
面体形	隔離式	全面形面体	—
		半面形面体	図 3.8
	直結式	全面形面体	—
		半面形面体	図 3.9
ルーズフィット形	隔離式	フェイスシールド	図 3.10
	直結式	フェイスシールド	—

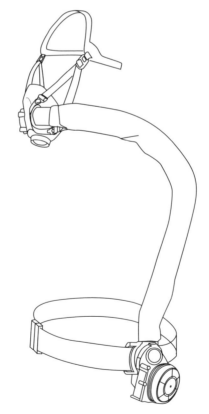

図 3.8　面体形 P-PAPR（隔離式・半面形面体）の例

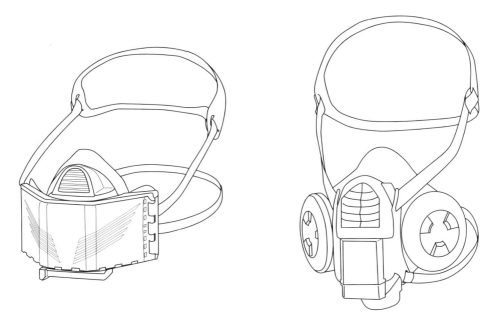

図 3.9　面体形 P-PAPR（直結式・半面形面体）の例

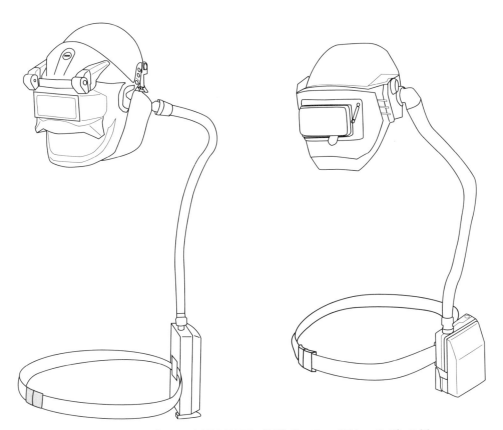

図 3.10　ルーズフィット形 P-PAPR（隔離式・フェイスシールド）の例

b）電動ファンの性能による区分

P-PAPR は，電動ファンの性能によって大風量形と通常風量形に区分されます。

c）漏れ率による区分

P-PAPR は，漏れ率（環境中の有害物質が呼吸用保護具内に流入する率）によって，表 3.4 のとおり区分されます。

表 3.4　P-PAPR の漏れ率による区分

種類	漏れ率 %
S 級	0.1 以下
A 級	1　以下
B 級	5　以下

d）ろ過材の種類

ろ過材の種類は，試験粒子および粒子捕集効率によって，表 3.5 のとおりとなります。

表 3.5　ろ過材の種類

ろ過材の種類	粒子捕集効率 %	試験粒子
PL3	99.97 以上	DOP 粒子 [a]
PL2	99　以上	
PL1	95　以上	
PS3	99.97 以上	NaCl 粒子 [b]
PS2	99　以上	
PS1	95　以上	
注 [a]　DOP（フタル酸ジオクチル）の液体粒子		
注 [b]　NaCl（塩化ナトリウム）の固体粒子		

3.7　送気マスク

溶接等作業で選択の対象となる送気マスクは，次の種類があります。

a）電動送風機形ホースマスク

作業環境外に電動送風機を設置し，その環境の呼吸可能な大気圧の空気を，電動送風機によりホースを通して着用者に送気する形式の送気マスクです。

溶接等作業には，半面形面体またはフェイスシールドが適しています。電動送風機形ホースマスクのうち半面形面体を有するものおよびフェイスシールドを有するものの例を，それぞれ図 3.11 および図 3.12 に示します。

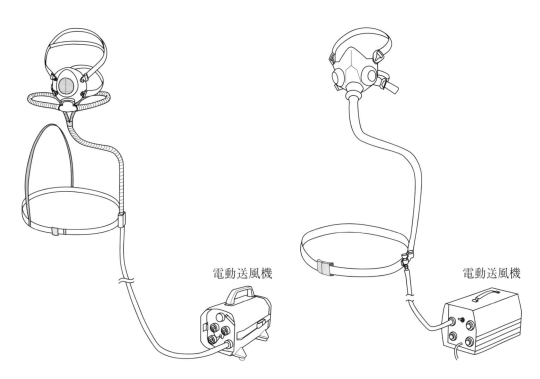

図 3.11　電動送風機形ホースマスク（半面形面体）の例

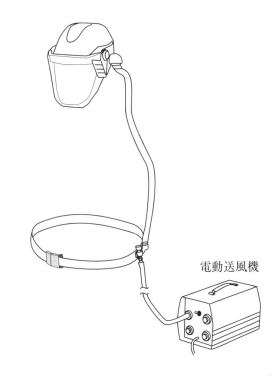

図 3.12　電動送風機形ホースマスク（フェイスシールド）の例

b）一定流量形エアラインマスク

　空気圧縮機，圧縮空気管または高圧空気容器を空気源とし，これらからの圧縮空気を，中圧ホースを通して一定の流量で呼吸用インタフェースに送気する形式のエアラインマスクです。呼吸用インタフェースとして，面体，フェイスシールドまたはフードを使用することが可能ですが，金属アーク溶接等作業には，半面形面体またはフェイスシールドが適しています。

　一定流量形エアラインマスクのうち，半面形面体を有するものおよびフェイスシールドを有するものの例を，それぞれ図 3.13 および図 3.14 に示します。

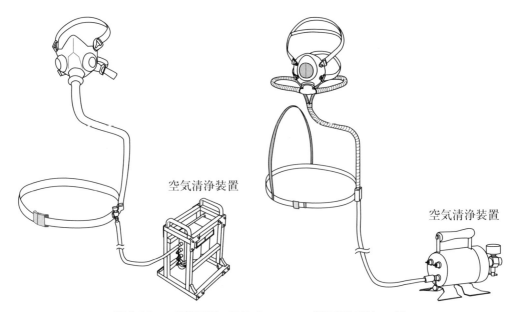

図 3.13　一定流量形エアラインマスク（半面形面体）の例

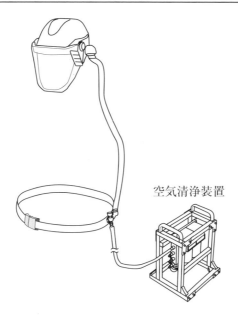

空気清浄装置

図3.14　一定流量形エアラインマスク（フェイスシールド）の例

3.8　緊急時に使用される呼吸用保護具

　閉鎖環境や狭あいな場所での溶接等作業では，換気が不十分な場合に，酸素欠乏状態になるおそれがあります。酸素欠乏またはそのおそれがある環境では，指定防護係数が1,000以上の全面形面体を有する給気式呼吸器の中から作業に適したものを選択します（表3.10参照）。

4　呼吸用保護具の防護性能

　呼吸用保護具の防護性能は，呼吸用保護具内に侵入する有害物質の割合を示しています。呼吸用保護具を使用しているとき，環境中の有害物質濃度（C_{OUT}）および呼吸用保護具内の有害物質濃度（C_{IN}）であったとすると，防護係数（PF）は式（3.1）によって表されます。

$$PF = \frac{C_{OUT}}{C_{IN}} \qquad (3.1)$$

　式（3.1）から防護性能が高い呼吸用保護具の防護係数（PF）は大きな数値となることがわかります。

　このように，防護係数がわかれば，呼吸用保護具の防護性能を知ることができます。しかしながら，ユーザーが，呼吸用保護具の防護係数を求めるのは大変ですので，呼吸用保護具の種類ごとに，指定防護係数が決められています。指定防護係数は，トレーニングされた着用者が，正常に機能する呼吸用保護具を正しく着用した場合に，少なくとも得られるであろうと期待される防護係数です。厚生労働省が規定している指定防護係数を表3.6〜表3.11に示します。

表3.6　防じんマスクの指定防護係数

呼吸用保護具の種類		呼吸用インタフェースの種類	ろ過材の種類	指定防護係数
防じんマスク	取替え式	全面形面体	RS3 または RL3	50
			RS2 または RL2	14
			RS1 または RL1	4
		半面形面体	RS3 または RL3	10
			RS2 または RL2	10
			RS1 または RL1	4
	使い捨て式		DS3 または DL3	10
			DS2 または DL2	10
			DS1 または DL1	4

表3.7　防毒マスクの指定防護係数

種類	呼吸用インタフェースの種類	指定防護係数
防毒マスク	全面形面体	50
	半面形面体	10
注記1　防じん機能を有する防毒マスクの粉じん等に対する指定防護係数は，防じんマスクの指定防護係数を適用する。		
注記2　有毒ガス等と粉じん等が混在する環境に対しては，それぞれにおいて有効とされるものについて，面体の種類が共通のものが選択の対象となる。		

表3.8　防じん機能を有する電動ファン付き呼吸用保護具の指定防護係数

呼吸用保護具の種類		呼吸用インタフェースの種類	漏れ率の種類	ろ過材の種類	指定防護係数
防じん機能を有する電動ファン付き呼吸用保護具	面体形	全面形面体	S 級	PS3 または PL3	1,000
			A 級	PS2 または PL2	90
			A 級 または B 級	PS1 または PL1	19
		半面形面体	S 級	PS3 または PL3	50
			A 級	PS2 または PL2	33
			A 級 または B 級	PS1 または PL1	14
	ルーズフィット形	フードまたはフェイスシールド	S 級	PS3 または PL3	25
			A 級	PS3 または PL3	20
			S 級 または A 級	PS2 または PL2	20
			S 級, A 級 または B 級	PS1 または PL1	11

表 3.9　防毒機能を有する電動ファン付き呼吸用保護具の指定防護係数

呼吸用保護具の種類			呼吸用インタフェースの種類	ろ過材の種類	指定防護係数
防毒機能を有する電動ファン付き呼吸用保護具	防じん機能を有しないもの	面体形	全面形面体	—	1,000
			半面形面体	—	50
		ルーズフィット形	フードまたはフェイスシールド	—	25
	防じん機能を有するもの	面体形	全面形面体	PS3 または PL3	1,000
				PS2 または PL2	90
				PS1 または PL1	19
			半面形面体	PS3 または PL3	50
				PS2 または PL2	33
				PS1 または PL1	14
		ルーズフィット形	フードまたはフェイスシールド	PS3 または PL3	25
				PS2 または PL2	20
				PS1 または PL1	11

注記　防毒機能を有する電動ファン付き呼吸用保護具の指定防護係数の適用は，次による。なお，有毒ガス等と粉じん等が混在する環境に対しては，①と②のそれぞれにおいて有効とされるものについて，呼吸用インタフェースの種類が共通のものが選択の対象となる。
①有毒ガス等に対する場合：防じん機能を有しないものの欄に記載されている数値を適用
②粉じん等に対する場合：防じん機能を有するものの欄に記載されている数値を適用

表 3.10　給気式呼吸用保護具の指定防護係数

呼吸用保護具の種類			呼吸用インタフェースの種類	指定防護係数
送気マスク	エアラインマスク	プレッシャデマンド形	全面形面体	1,000
			半面形面体	50
		デマンド形	全面形面体	50
			半面形面体	10
		一定流量形	全面形面体	1,000
			半面形面体	50
			フードまたはフェイスシールド	25
	ホースマスク	電動送風機形	全面形面体	1,000
			半面形面体	50
			フードまたはフェイスシールド	25
		手動送風機形または肺力吸引形	全面形面体	50
			半面形面体	10
自給式呼吸器	空気呼吸器	プレッシャデマンド形	全面形面体	10,000
			半面形面体	50
		デマンド形	全面形面体	50
			半面形面体	10
	循環式呼吸器	圧縮酸素形かつ陽圧形	全面形面体	10,000
			半面形面体	50
		圧縮酸素形かつ陰圧形	全面形面体	50
			半面形面体	10
		酸素発生形	全面形面体	50
			半面形面体	10

表 3.11　指定防護係数で運用できる呼吸用保護具の種類の指定防護係数

呼吸用保護具の種類			呼吸用インタフェースの種類	漏れ率の種類	ろ過材の種類	指定防護係数
防じん機能を有する電動ファン付き呼吸用保護具	面体形		半面形面体	S 級	PS3 または PL3	300
	ルーズフィット形		フード	S 級	PS3 または PL3	1,000
			フェイスシールド	S 級	PS3 または PL3	300
防毒機能を有する電動ファン付き呼吸用保護具 a)	防じん機能を有しないもの	面体形	半面形面体	—	—	300
		ルーズフィット形	フード	—	—	1,000
			フェイスシールド	—	—	300
	防じん機能を有するもの	面体形	半面形面体	—	PS3 または PL3	300
		ルーズフィット形	フード	—	PS3 または PL3	1,000
			フェイスシールド	—	PS3 または PL3	300
送気マスク	エアラインマスク	一定流量形	フード	—	—	1,000

注記　この表の指定防護係数は，JIS T 8150 の附属書 JC に従って該当する呼吸用保護具の防護係数を求め，この表に記載されている指定防護係数を上回ることを該当する呼吸用保護具の製造者が明らかにする書面が製品に添付されている場合に使用できる。

注 a)　防毒機能を有する電動ファン付き呼吸用保護具の指定防護係数の適用は，次による。なお，有毒ガス等と粉じん等が混在する環境に対しては，①と②のそれぞれにおいて有効とされるものについて，呼吸用インタフェースの種類が共通のものが選択の対象となる。
①有毒ガス等に対する場合：防じん機能を有しないものの欄に記載されている数値を適用
②粉じん等に対する場合：防じん機能を有するものの欄に記載されている数値を適用

5　溶接等作業での呼吸用保護具の選択

5.1　特化則で規定する溶接等作業の場合

　事業者は，金属アーク溶接等作業場において，新たな金属アーク溶接等作業の方法を採用または変更するときは，第 2 章 2.1 の手順によって溶接ヒューム濃度を測定し，その結果に応じて，換気装置の風量の増加その他必要な措置を講じなければなりません。そして，この措置を講じた場合は，その効果を確認するために，再び第 2 章 2.1 の手順によって溶接ヒューム濃度を測定しなければなりません。この結果によって，金属アーク溶接等作業に従事させる溶接作業者に有効な呼吸用保護具を着用させる場合は，つぎの手順によって呼吸用保護具の種類を選択します。

5.2　呼吸用保護具の選択

a）要求防護係数の算出

　溶接ヒューム濃度の測定結果から得られた溶接ヒューム中のマンガン濃度の最大のもの（C mg/m³）およびばく露の基準値として 0.05 mg/m³ を用い，式（3.2）によって要

求防護係数（PFr）を算出します。

$$PFr = \frac{C}{0.05} \qquad (3.2)$$

b）指定防護係数の利用

　表3.6〜表3.11に示します呼吸用保護具のうち，少なくとも粒子状物質（溶接ヒューム）に対応できる種類で，上記a）で求めた要求防護係数（PFr）より大きな指定防護係数を有する呼吸用保護具を選択候補とします。

　金属アーク溶接の種類によっては，溶接ヒュームに含有するマンガン濃度が 0.05 mg/m³ より低い場合があります。この場合は，要求防護係数が 1 未満となりますが，この場合でも要求防護係数より大きな防護係数を有する呼吸用保護具を選択しなければなりませんので，粒子状物質（溶接ヒューム）に対応できるすべての呼吸用保護具が選択候補の対象となります。したがって，少なくとも防じんマスクの着用が必要となります。

5.3　金属アーク溶接等作業を継続して行う屋内作業場での呼吸用保護具選択

　金属アーク溶接等作業のほとんどの種類が，特化則とともに粉じん則の規制対象になります。この場合は，粉じん則で必要とする呼吸用保護具の種類も含めて，許容できる最低の指定防護係数が高い方の数値以上の種類を選択候補とし，さらに，溶接ヒューム以外の有害物質への対応（5.5 参照）および，防護性能以外の事項（5.6 参照）なども考慮して最適な呼吸用保護具を選択します。

　粉じん則で選択対象としている防じんマスクおよび P-PAPR の種類については，「防じんマスク，防毒マスクおよび電動ファン付き呼吸用保護具の選択，使用等について」（基発 0525 第 3 号令和 5 年 5 月 25 日）（以下，選択通達）において，「金属のヒューム（溶接ヒュームを含む）を発散する場所における作業において使用する防じんマスクおよび防じん機能を有する電動ファン付き呼吸用保護具」として，防じんマスクについては粒子捕集効率のクラスが「2」以上のものを対象と，P-PAPR については全種類を対象としています。

　これらの指定防護係数とこれらの選択候補の最低の指定防護係数は 10 ですので，これより大きな指定防護係数をもつ給気式呼吸用保護具も選択対象に含めることができます。

　これらの選択候補をベースにし，さらに，溶接ヒューム以外の有害物質への対応（5.5 参照）および防護性能以外の事項（5.6 参照）なども考慮して最適な種類を選択します。

5.4　その他の溶接等作業の場合での呼吸用保護具選択

　金属アーク溶接等作業を継続して行う屋内作業場で行う場合以外の溶接等作業は，5.3で引用した選択通達の「金属のヒューム（溶接ヒュームを含む）を発散する場所における作業において使用する防じんマスク及び防じん機能を有する電動ファン付き呼吸用保護具」として，防じんマスクの粒子捕集効率のクラスが「2」以上のもの，P-PAPR の全種類，および給気式呼吸用保護具を選択対象とし，さらに，溶接ヒューム以外の有害物質への対応（5.5 参照）および防護性能以外の事項（5.6 参照）なども考慮して最適な種類を選択します。

5.5　溶接ヒューム以外の有害物質への対応

　溶接ヒューム以外の有害物質として，有毒ガスが存在する場合は，有毒ガスの種類を特定し，そのばく露限界濃度を調査するとともに作業場における有毒ガス濃度を求め，有毒ガスに対して有効な指定防護係数を有する呼吸用保護具を選択対象とします。

　このように溶接ヒュームと有毒ガスが混在する場合は，溶接ヒュームに対する防護性能を考慮した上で，防じん機能を有する防毒マスク，防じん機能を有する G-PAPR，または給気式呼吸用保護具の中から，有毒ガスに対して有効な指定防護係数をもつ必要があります。

　なお，オゾン臭が問題になる場合は，オゾン分解機能をもつろ過材を装着した防じんマスクおよび P-PAPR を使用することができます。ただし，恒常的に高濃度のオゾンが発生する場合は，防じん機能を有する防毒マスク，送気マスクなどを使用する必要があります。

5.6　防護性能以外による選択

　呼吸用保護具の選択において，防護性能以外で考慮する事項は，次のとおりです。

a）オイルミスト等が混在するか否かによって，防じんマスクおよび P-PAPR のろ過材は，次のとおり選択します（表3.2 および表3.5 参照）。

　　ⅰ）オイルミスト等が混在しない場合：防護性能によって選択した種類の中で，「S」または「L」のいずれのものでもよい。

　　ⅱ）オイルミスト等が混在する場合：防護性能によって選択した種類の中で，「L」のもの。

b）遮光保護具と併用できるものを選択しなければなりません。フェイスシールドを有する呼吸用保護具では，フィルタプレートを取り付けられるものを選択することができます。

c）重さおよび耐久性などが適切なものを選択します。面体は，装着時に顔面との密着性がよく，シールチェックが行えるものでなければなりません。

d）着用者の視野を著しく妨げないものでなければなりません。

e）装着時に異常な圧迫感または苦痛などがないものでなければなりません。

f）粉じん濃度が高い環境で使用する防じんマスクは，粒子捕集効率が高く，吸気抵抗上昇率が低い（短時間で目詰まりしにくい）ものを選択します。

g）P-PAPR は，作業内容による着用者の呼吸量に応じて大風量形か通常風量形を選択します。

5.7　呼吸用保護具の適切な装着

5.7.1　基本事項

呼吸用保護具は，製品の取扱説明書に従って，正しく装着しなければなりません。

溶接等作業では，呼吸用保護具とともに他の保護具も着用することになりますが，互いに干渉しないように装着し，それぞれの保護具の機能が損なわれない状態としなければなりません。呼吸用保護具が，他の保護具によって装着状態に不都合が生じる場合は，呼吸用保護具を優先し，他の保護具を別の製品に交換するなどの対応が必要です。

5.7.2　面体のフィットの重要性

面体を有する呼吸用保護具の場合は，面体と顔面のフィット（「密着性」ともいう）が防護性能に大きく影響する場合があります。このため，面体は，着用者の顔に適したものでなければなりませんし，適切に装着しなければなりません。

フィットに関する検査の種類を表 3.12 に示します。

表 3.12　フィットに関する検査の種類

検査の種類	目的	頻度	実施者
フィットテスト	着用者の顔面と面体の適合性確認（顔に合う面体）	・1 年以内に 1 回 ・異なる面体の使用時	フィットテスト実施者
シールチェック	着用者によるフィットの確認	装着直後，作業中に気になったとき	溶接作業者（着用者）

6　フィットテスト

フィットテストは，使用する呼吸用保護具の面体が着用者の顔面にフィットすることを客観的に確認する検査です。

金属アーク溶接等作業を継続して行う屋内作業場で使用する呼吸用保護具が面体を有する種類の場合，事業者は，1 年以内ごとに 1 回，定期的にフィットテストを実施し，その記録を 3 年間保存しなければなりません。

フィットテストは，JIS T 8150 に定める方法またはこれと同等の方法によって実施しますが，その基本的な内容は，次のとおりです。

高性能フィルタを取り付けるなど，試験物質がフィルタを透過しない状態とし，空気供給機能をもつ種類はその機能を停止して，面体を装着した着用者が，試験物質の存在する環境で一連の動作を行ったとき，各動作の環境中の試験物質濃度（C_{out}）と面体内の試験物質濃度（C_{in}）を測定し，式 (3.3) によってフィットファクタ（FF）を求めます。

$$FF = \frac{C_{out}}{C_{in}} \qquad (3.3)$$

注記　式 (3.3) は，4 で述べた防護係数の式 (3.1) とよく似ています。しかし，式 (3.1) は，呼吸用保護具としての使用状態（フィルタは製品として指定されているものをそのまま，空気供給機能をもつ種類は空気を供給）での性能を求めることを目的とし，すべての箇所からの有害物質の漏れを対象としているのに対して，式 (3.3) は，面体と顔面のフィットを求めるための接顔部からの漏れだけを対象としている点が異なります。

一連の動作全体について総括的なフィットファクタ（$FF_{overall}$）が表 3.13 の要求フィットファクタ以上であれば，着用者と面体との組合せでフィットテストに合格したことになり，その面体の接顔部と形状，サイズおよび材質が同一の接顔部を有する面体の製品を実作業で使用することができます。不合格の場合は，同一型式の別サイズ若しくは別の型式の面体からフィットテストに合格するものを選択するか，ルーズフィット形呼吸用インタフェースを有する呼吸用保護具を使用するなど，選択肢を広げて検討する必要があります。

表 3.13　面体の種類と要求フィットファクタ

面体の種類	要求フィットファクタ
全面形面体	500
半面形面体	100

フィットテストの種類には，定量的フィットテストと定性的フィットテストがあります。これらの概要は，次のとおりです。

a）定量的フィットテスト

定量的フィットテストは，試験物質の濃度を計測装置で計測する方法です。その例を図 3.15 に示します。試験物質として多く用いられるのは，通常の生活空間に存在する

図 3.15　定量的フィットテストの実施例

大気じんです。面体に高性能フィルタを取り付け，これを装着した被験者が，試験物質が存在する環境で，所定の動作（7種類）を行い，環境中の試験物質濃度および面体内の試験物質濃度を測定し，7種類の動作についての総合的なフィットファクタを求めるというものです。

　JIS T 8150：2021 では，上述の動作7種を標準の定量的フィットテスト方法とし，さらに，動作4種類の短縮定量的フィットテスト（計測装置の種類が限定されます）を規定しています。

b）定性的フィットテスト

　定性的フィットテストは，人間の味覚または嗅覚を利用する方法です。その例を図3.16 に示します。試験物質として多く用いられるのは，甘味をもつサッカリンナトリウム溶液と苦みをもつ安息香酸デナトニウム溶液で，これらを噴霧して使用します。被験者は，まず，いき値スクリーニングによって，使用される試験物質の薄い濃度の味を

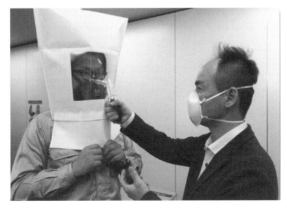

図 3.16　定性的フィットテストの実施例

検知できるか否かが調べられ，これに合格すると，いき値スクリーニングに用いた試験物質によるフィットテストを行うことが認められます。

　試験物質溶液を噴霧する定性的フィットテストでは，防じんマスクまたは防じんマスク用ろ過材を取り付けた面体（試験物質の粒子が大きいので，ろ過材は高性能である必要はない）を被験者が装着し，頭部全体を覆うフィットテストフードを被り，所定の動作（7種類）を行いながら口で呼吸します。この間，測定者は，フィットテストフード内に計画的な時間間隔で試験物質溶液を噴霧します。どの動作においても，被験者が試験物質の味を感じなかったときは，全動作完了後に顔面と面体との間にすき間をつくり，口で息を吸い，試験物質の味を感じるか否かを調べます。このとき，味を感じれば，このフィットテストは合格となり，味を感じなければ，このフィットテストは無効となります。ある動作中に試験物質の味を感じた場合は，その時点でこのフィットテストは不合格となります。

　定性的フィットテストでは，試験物質の濃度計測をしませんので，フィットファクタを算出することができません。このため，JIS T 8150：2021 では，定性的フィットテストに合格した場合に，総合的フィットファクタは 100 以上とみなすとしています。

　また，定性的フィットテストが実施できるのは，使い捨て式防じんマスクと半面形面体を有するものだけです。したがって，全面形面体は，定量的フィットテストを用いる必要があります。

7　シールチェック

　シールチェックは，着用者自身によってフィットが良好であることを確認する検査で，従来「フィットチェック」と呼ばれていました。この用語が導入された理由は，前項で述べた「フィットテスト」との混同を避けるためです。対応英語は，「wearer-seal check」です。

　シールチェックには，陰圧法シールチェックと陽圧法シールチェックの2種類があります。これらの手順例は，次のとおりです。

a）陰圧法シールチェックの手順例

　フィットチェッカーを取り付ける方式のものはろ過材（または吸収缶）の吸気口に取り付け，その開口部をふさいだ状態にし，フィットチェッカーが面体に内蔵されているものは，その機能により吸気経路を塞いだ状態にし，シールチェックを行います。

　手順は次のとおりです。

①マスクを装着します。

②フィットチェッカーによって吸気経路を閉塞します。

注記1　連結管を有するものは，連結管の吸気口を塞ぎます。

注記2　フィットチェッカーがない場合は，ろ過材の吸気口などを手のひらで閉塞する方法がありますが，面体を押し付けないようにする必要があります。

③閉塞状態で，息をゆっくり吸います。

息を勢いよく吸ったり，吸排気を小刻みに繰り返したりすると，正しい評価ができません。

④顔面と面体の間から空気が流入せずに，面体が顔面に吸い寄せられることを確認します。

⑤顔面と面体の間から空気が流入する場合は，しめひもの締め具合，面体の位置などを調整してから，再度②～④を実施します。

シールチェックの実施例を図 3.17 に示します。

（a）フィットチェッカーを取り付けるタイプ　　（b）フィットチェッカー内蔵タイプ

図 3.17　陰圧法によるシールチェックの例

b）陽圧法シールチェックの手順例

この方法は使い捨て式防じんマスクあるいは陽圧法シールチェックができるように設計されているものに限ります。

①フィットチェッカーを取り付ける方式のものは，排気弁カバーの開口部に取り付けます。

②マスクを装着します。

③フィットチェッカーによって排気経路を閉塞します。排気弁カバーの開口部を手のひらで塞ぐ方式のものは，手のひらで排気弁カバーの開口部を閉塞します。

使い捨て式防じんマスクの場合は，取扱説明書にしたがって，ろ過材の通気部を閉塞します。

④閉塞状態で，息をゆっくり吐きます。

息を勢いよく吐いたり，吸排気を小刻みに繰り返したりすると，正しい評価ができません。

⑤顔面と面体との間から空気が流出せずに，面体が膨らんだようになることを確認します。

⑥顔面と面体との間から空気が流出する場合は，しめひもの締め具合，面体の位置などを調整してから，再度③～⑤を実施します。

　シールチェックの方法は，製品によって個性がありますので，必ず当該製品の取扱説明書に記載されている内容に従って実施する必要があります。

　なお，上記の方法とは別に，作業場などに設置した簡易測定機器（大気じんを利用するもの，面体内圧の変動を利用するものなど）を用いて，フィットの状態を確認する方法などもあります。

8　防じんマスクおよびP-PAPRの使用前点検

　防じんマスクおよびP-PAPRの使用前点検は，次のとおりです。

a）防じんマスクの使用前点検

①吸気弁，面体，排気弁，しめひも等に破損，亀裂または著しい変形がない。

②吸気弁，排気弁および弁座に粉じん等が付着していない。

③吸気弁および排気弁が，それぞれの弁座に適切に取り付けられている。

④排気弁は，面体の向きにかかわらず，閉塞状態が保たれている。

⑤破損，変形，穴等がないろ過材が，適切に取り付けられている。

b）P-PAPRの使用前点検

①指定された電池が適切に取り付けられている。

②電動ファンが正常に作動する。

③使用前に電動ファンの送風量を確認することが指定されているP-PAPRは，製造業者が指定する方法によって送風量を確認する。

9　防じんマスクおよびP-PAPRを使用する際の注意事項

9.1　共通事項

　防じんマスクおよびP-PAPRを使用する際の注意事項は，次のとおりです。

a）環境空気中の酸素濃度が18％未満または不明の場所では使用できません。

　　　注記　酸素濃度が18％未満または不明の場所では，指定防護係数1000以上の全面形面体を有する給気式呼吸用保護具を使用します。

b）有毒ガスが存在する場所では使用できません。

c）呼吸用保護具は個人専用とし，同一のものを他人と共用しないことを原則とします。ただし，作業場の特殊な事情によって共用する場合は，着用者が替わるたびに洗浄と消毒をしなければなりません。

d）呼吸用保護具の着用の必要がない場合は，適切な場所に保管します。

e）吸気補助具付き取替え式防じんマスクおよび P-PAPR は，使用前に十分に充電されていることを確認します。

9.2 防じんマスクおよび面体形 P-PAPR の着用時の注意事項

防じんマスクおよび面体形 P-PAPR を着用するときの注意事項は次のとおりです。

a）着用したとき，接顔部の位置，しめひもの位置，しめひもの締め方などが適切なことを確認します。

b）着用したら，フィットチェッカーなどを用いて，シールチェックを行い，面体と顔面との密着性が良好であることを確認します。

　　注記　シールチェックの方法は，製造業者の取扱説明書によります。

c）タオルなどを当てた上から呼吸用保護具を着用してはなりません。

　　注記　タオルなど（この中には，接顔メリヤスも含まれます）の使用は接顔部からの漏れにつながります。

d）産業用ヘルメット使用時には，防じんマスクおよび面体形 P-PAPR を先に装着します。産業用ヘルメットを先に装着しますと，面体のしめひもを産業用ヘルメットの上で固定することになり，面体と顔面とのフィット（密着）が不安定となります。

9.3 P-PAPR に関する注意事項

P-PAPR に関する注意事項は，次のとおりです。

a）P-PAPR は，粉じんに対してのみ有効ですので，粉じんとともに有毒ガスが混在する環境では使用してはなりません。有毒ガスも混在する環境では，防毒機能を有する電動ファン付き呼吸用保護具（防じん機能付き）や送気マスクを使用します。

b）一酸化炭素が発生する溶接等作業では，送気マスクの使用を検討します。ただし，送気マスクの使用が困難な場合は，溶接作業者の背面などに吸気口がある隔離式の P-PAPR を使用することもできます。

　　この方法は，一般に，溶接作業者の後方の CO 濃度が，前方（アークのある側）より著しく低くなることを利用していますので，他の溶接作業者の溶接による影響，構造物の影響などによって，P-PAPR の吸気口付近の CO 濃度が高くなるおそれがある場合は，適切な吸引装置または排気装置を適切な位置に設置し，その濃度を低くする必要があります。CO 警報装置は，P-PAPR の吸気口付近に装着する必要が

あります。CO 警報装置が作動した場合は，速やかに作業を中止し，安全な場所に移動しなければなりません。

c）ろ過材の目づまり，バッテリの電圧降下などによって，風量（フェイスシールドを有するものは，公称最低必要風量が，面体を有するものは，製造業者が指定する風量または風量に代わる面体内圧などの性能表示）を下回るおそれがある場合は，ろ過材の交換やバッテリの交換（または充電）をします。

d）P-PAPR に附属する警報装置が警報を発したら，速やかに安全な場所に移動します。警報の内容に応じて，ろ過材の交換，バッテリの交換（または充電）を行います。

10　防じんマスクおよび P-PAPR の保守管理

10.1　一般事項

防じんマスクおよび P-PAPR の保守管理に関する一般事項は，次によります。

a）本来の機能を十分に発揮することができるように，欠陥の有無の検査，清掃，除染，補修などを行い，いつでも使用できる状態で保管しなければなりません。

b）管理を行う者は，点検，手入れ，補修などの記録を残すことを推奨します。集中管理を行う場合は，各呼吸用保護具を識別できる番号または使用者名などを付けておくことを推奨します。

c）点検は，表 3.14 および表 3.15 によります。

表 3.14　防じんマスクおよび面体形 P-PAPR の点検

点検箇所	点検内容
全体	欠落した部品がないこと。 部品相互の取り付けが適切であること。
接顔体	破損，亀裂，変形，劣化がないこと。
吸気弁，吸気弁座	破損，亀裂，変形，劣化がないこと。 汚れがないこと。 吸気弁が適切に取り付けられていること。
ろ過材	新品または検査を受けた再生処理品であること。 破損，亀裂，変形がないこと。 ろ過材装着箇所に適切に装着されていること。
排気弁，排気弁座	破損，亀裂，変形，劣化がないこと。 汚れがないこと。 排気弁座に傷がないこと。 通常の状態で排気弁と排気弁座に隙間がないこと。
しめひも	破損，亀裂，よじれ，劣化がないこと。 適切な伸縮性があること。（伸縮性のある箇所）

表 3.15　吸気補助具付き取替え式防じんマスクおよび P-PAPR の点検

点検箇所	点検内容
バッテリ	充電式の場合は，十分に充電してあること。
	バッテリの接点に汚れがないこと。

d）使用したろ過材の処置：使用したろ過材が交換時期に達したら，新しいものに交換します。取扱説明書にろか材の再使用ができることが明記されている場合はその方法に従います。また，ろ過材に破損，穴あきまたは著しい変形が生じているときは，廃棄します。

e）手入れ：使用後，接顔体，吸気弁，排気弁，しめひもなどに付着した粉じん，汗などは，清潔な乾燥した布または軽く水で湿らせた布で拭き取ります。

f）ろ過材が捕集した粉じんの除去は，ろ過材の性能を劣化させるおそれがあるので，行ってはなりません。

10.2　保管

呼吸用保護具の保管は，次によります。

a）手入れした呼吸用保護具は，直射日光を避けて常温で清潔な，乾燥した容器などに保管します。

b）呼吸用保護具を保管する場合は，紫外線による殺菌装置などをもつ容器内に入れておくことを推奨します。

c）吸気補助具付き取替え式防じんマスクおよび P-PAPR は，バッテリ，電子部品などが附属しているので，その保管は，取扱説明書に従って行います。

10.3　廃棄

呼吸用保護具の廃棄は，次によります。

a）廃棄する呼吸用保護具およびその構成品は，使用可能なものと混じらないように区別して，廃棄します。

b）使用済みのろ過材および使い捨て式防じんマスクを廃棄するときは，容器または袋に詰め，付着した粉じんが再飛散しない状態にします。

c）吸気補助具付き取替え式防じんマスクおよび P-PAPR は，バッテリ，電子部品などが附属しているので，その廃棄は，取扱説明書に従って行います。

11　ろ過材の交換スケジュール

防じんマスクおよび P-PAPR を使用する場合は，作業主任者または保護具着用管理責

任者が作成したろ過材交換スケジュールに従って，ろ過材を交換します。ろ過材交換スケジュールは，防じんマスクおよび P-PAPR が有効に使用されることを基本とし，作業時間，作業内容，作業環境などを踏まえて作成されます。

　ろ過材は，溶接ヒュームなどを捕集する量が増加するにつれて，通気抵抗も増加します。この通気抵抗が増加すると，防じんマスクの場合は，着用者が息苦しさを感じるようになります。P-PAPR の場合は，呼吸用インタフェースへの送風量が減少する原因となります。したがって，いずれの呼吸用保護具においても，通気抵抗を指標として，ろ過材の交換時期を設定することができます。

11.1　防じんマスクの場合

　防じんマスクのろ過材の交換スケジュールは，次の考え方によって作成することができます。

a）交換時期の通気抵抗値の設定

　防じんマスクの場合は，着用者の息苦しさをろ過材交換時期の目安とすることができます。この「息苦しさ」は，作業ができなくなるような苦しさではなく，作業を続けるには呼吸に負担を感じる程度を想定したものです。このような通気抵抗値を設定するためには，文献，専門家の意見，防じんマスクのメーカの情報などを利用する方法と，実作業で使用して「息苦しい」とされるものの通気抵抗を測定して設定する方法があります。

b）ろ過材の使用時間の設定

　ろ過材が使用できる時間は，溶接ヒュームの種類，濃度などに依存します。ろ過材の使用時間を求めるには，次のような方法があります。

【方法1】実作業で使用したろ過材で，実際に使用した時間と通気抵抗との関係を求め，a）で設定した通気抵抗になるまでの時間を求めます（図 3.18 参照）。

【方法2】防じんマスクの型式検定で使用する NaCl 粒子の通気抵抗上昇試験データを利用して，NaCl 粒子濃度を実作業環境の溶接ヒューム濃度に置き換えて，a）で設定した通気抵抗になるまでの時間を求めます（粒子の種類が異なりますので，精度は下がりますが，目安としては使えます）。

c）ろ過材の交換時期の設定

　b）で求めた使用時間を上限として，作業場での単位とする作業時間との関係を比べ，ろ過材を交換するのに都合のよい時間をろ過材の交換時期とし，ろ過材交換スケジュールを作成します。そのために，防じんマスク用ろ過材の使用時間と通気抵抗の関係を図

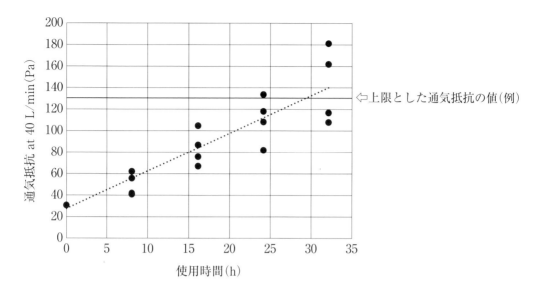

図 3.18　防じんマスク用ろ過材の使用時間と通気抵抗の測定例

3.18 のように調べます。

11.2　P-PAPR の場合

　P-PAPR では，内蔵する風量低下警報装置，ろ過材の交換時期を表示する装置などを利用する方法やろ過材の通気抵抗（またはそのろ過材を取り付けた P-PAPR の風量）を測定する方法などがあります。

a）内蔵する風量低下警報装置，ろ過材の交換時期を表示する装置などを利用する方法

　風量低下警報装置を有するルーズフィット形 P-PAPR およびろ過材の交換時期を表示する装置を有する P-PAPR では，これらの装置が作動したときをろ過材の交換時期とすることができます。ろ過材交換スケジュールを作成するためには，まず，新しいろ過材について，これらの装置が作動するまでの時間，すなわちろ過材の使用時間を求めます。この時間を上限として，作業場での単位とする作業時間との関係を比べ，ろ過材を交換するのに都合のよい時間を設定して，ろ過材交換スケジュールを作成します。

b）ろ過材の通気抵抗またはそのろ過材を P-PAPR にとりつけたときの風量を測定する方法

　a）で記した装置を有しない P-PAPR については，実作業場で使用したろ過材について，使用時間およびろ過材の通気抵抗またはそのろ過材を P-PAPR に取り付けたときの

風量を簡易風量計（図 3.19）などで測定し，使用時間と通気抵抗（または使用時間と風量）の関係を求め，P-PAPR のメーカがろ過材の交換時期とする通気抵抗（または風量）となるまでの使用時間を求めます。この時間を上限として，作業場での単位とする作業時間との関係を比べ，ろ過材を交換するのに都合のよい時間を設定して，ろ過材交換スケジュールを作成します。

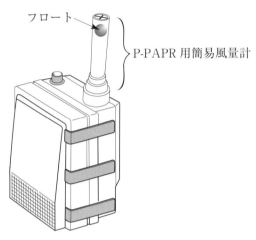

図 3.19　P-PAPR 用簡易風量計の例

12　溶接用保護面

12.1　目の保護

　金属アーク溶接等作業では，紫外線，強烈な可視光線，赤外線などの人体に有害な光線（以下，有害光線）が発生し，さらに，スパッタ（溶けた金属粒を含む火花）なども発生しますので，これらから顔面および目を保護するために顔面保護具（溶接用保護面），ならびに遮光めがねを使用しなければなりません。

　有害光線は目に様々な傷害を与えます。溶接作業における代表的な傷害としては電気性眼炎が挙げられ，目の表面の角膜が強い紫外線を浴びることにより炎症を起こし，かなりの痛みが数日間続きます。強烈な可視光線は目の網膜に炎症を生じさせるおそれがあり，強い赤外線を浴び続けると白内障になるリスクがあります。また，有害光線以外でも金属アーク溶接等作業で発生するスパッタは高温の飛来物となり，直接皮膚に当たると熱傷を起こし，万が一目に入った場合には大きな傷害となる可能性があります。したがって，金属アーク溶接等作業場所および作業をしている近くに立ち入る際は，たとえ短時間であっても顔面と目の保護には十分に留意し，適切な保護具を着用しなければ

なりません。

　一般的に，目は受傷等で損傷した場合，自己再生能力が非常に低い部位といえます。また，一度失われた機能が再生されることは難しく，人が外部からの情報を得るその大半を占める視力も，外的要因で機能が低下した場合や，不幸にも失明にいたった場合は，元通りに視力を回復することは難しくなります。したがって，金属アーク溶接等作業，作業現場立入り時には，いかに目を保護し災害を防止するかが非常に重要となります。

12.2　顔面保護具（溶接面），遮光めがねの種類と選択

　金属アーク溶接等作業時に着用する顔面保護具は図 3.20 に示すような溶接面になります。材質はカーボンや耐熱性のある樹脂で作られており，特徴としては軽量で，目の前の部分には遮光用プレートをはめ込むための窓が開いています。この窓にあるフレームへ，作業に応じた濃度の遮光プレートを選択，装着し，目に入るアーク光を適正な光に軽減させて作業します。溶接面の形状は溶接面前部に付いている手持ち棒を持ち，使用時に顔の前へ移動させて使用する手持ち面，産業用ヘルメットに装着できるように金具のついたヘルメット装着形と，直接頭に被るヘッドギア形とがあります。また，アーク光をセンサが感知し，自動で液晶部分が遮光する自動遮光液晶溶接面があり，視認性が優れていることと作業性の良さから近年普及が進んでいます。また，有害光線から目を保護するために使用する保護めがねは，遮光レンズが装着された遮光めがねで，金属アーク溶接等作業では遮光めがね単独で使用するのではなく，溶接面と併用して使用します。遮光めがねと溶接面を併用することで，金属アーク溶接等作業の着火時の光や，溶接面を外した際に周辺で作業するアーク光が目に入ることを軽減させることができます。図 3.21 のような遮光めがねには様々な形状やタイプがありますので，用途に応じ，

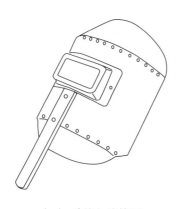
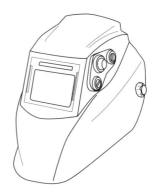

（a）手持ち溶接面　　　　　　（b）液晶自動遮光面

図 3.20　溶接面の例

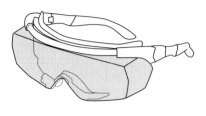

（a）オーバーグラスタイプ　　　　　　　　（b）ゴグルタイプ

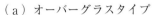

図 3.21　遮光めがねの例

　また，作業者の顔に合った物を選択することができます（視力矯正用めがねの上へ装着できるオーバーグラスタイプ，粉じんの多い作業所で使用するゴグルタイプ等）。なお，金属アーク溶接等作業現場へ立ち入る際，溶接のアーク光から十分距離を保った状態で作業できる場合には溶接面は使用せず，遮光番号 #1.7 〜 # 3 程度の遮光めがねのみ着用します（遮光番号は数字が大きくなると濃度が上がり遮光性能が高くなりますが，視認性が悪くなり作業がやりづらくなりますので，作業性を考えて選定します）。溶接面に装着する遮光プレートならびに遮光めがねは JIS T 8141 遮光保護具で遮光性能，遮光番号選択の目安のほかに遮光保護具の種類，形式，品質が規定されています。遮光めがねの品質については光学性能（レンズに歪みがないこと）や耐熱性，難燃性があり，一般のめがねとは異なり，特に耐衝撃性（レンズの強度），把持性（フレームからレンズが簡単に外れない）等があります。これらの性能を担保し，各種試験をクリアし公式の試験機関で認定された製品には JIS マークが表示されています。遮光プレート，遮光めがねを選定する場合は JIS 認証品を推奨します。なお，サングラスやカラーファッションサングラス等はレンズに色がついていることで光の眩しさは軽減させることができますが，それらのめがねは太陽光による光を軽減することを目的として製造されており，アークから発生する有害光を遮光することはできませんので，金属アーク溶接等作業時には絶対に使用してはなりません。

a）フィルタレンズおよびフィルタプレートの遮光能力値

　フィルタレンズおよびフィルタプレートの遮光能力値を表 3.16 に示します。

表 3.16 フィルタレンズおよびフィルタプレートの遮光能力値

遮光度番号	紫外透過率%（最大）		視感（可視光）透過率%			赤外透過率%（最大）	
	200nm ≦ λ ≦ 313nm 最大	313nm < λ ≦ 365nm 最大	最大	標準	最小	近赤外 780 ～ 1 300nm	中赤外 1 300 ～ 2 000nm
1.2	0.000 3	50	100	82.1	74.4	37	37
1.4	0.000 3	35	74.4	67.4	58.1	33	33
1.7	0.000 3	22	58.1	50.1	43.2	26	26
2.0	0.000 3	14	43.2	37.3	29.1	21	13
2.5	0.000 3	6.4	29.1	22.8	17.8	15	9.6
3	0.000 3	2.8	17.8	13.9	8.5	12	8.5
4	0.000 3	0.95	8.5	5.18	3.2	6.4	5.4
5	0.000 3	0.30	3.2	1.93	1.2	3.2	3.2
6	0.000 3	0.10	1.2	0.72	0.44	1.7	1.9
7	0.000 3	0.037	0.44	0.27	0.16	0.81	1.2
8	0.000 3	0.013	0.16	0.100	0.061	0.43	0.68
9	0.000 3	0.004 5	0.061	0.037	0.023	0.20	0.39
10	0.000 3	0.001 6	0.023	0.013 9	0.008 5	0.10	0.25
11	0.000 3	0.000 60	0.008 5	0.005 2	0.003 2	0.050	0.15
12	365nm における透過率の数値以下	0.000 20	0.003 2	0.001 9	0.001 2	0.027	0.096
13		0.000 076	0.001 2	0.000 72	0.000 44	0.014	0.060
14		0.000 027	0.000 44	0.000 27	0.000 16	0.007	0.04
15		0.000 0094	0.000 16	0.000 100	0.000 061	0.003	0.02
16		0.000 0034	0.000 061	0.000 037	0.000 029	0.003	0.02

b）フィルタレンズおよびフィルタプレートの選択

　フィルタレンズよびフィルタプレートの使用標準の遮光度番号を ISO16321-2-2021 より求め，これを表 3.17 に示します。これを参考とし，金属アーク溶接等作業の種類よび使用条件に適したものを使用しなければなりません。

表 3.17 フィルタレンズおよびフィルタプレートの使用標準

遮光度番号	アーク溶接・切断作業　（A）							
	被覆アーク溶接	マグ溶接	ティグ溶接	鉄鋼及び銅合金等のマグ a) およびミグ溶接	軽金属のミグ溶接	マイクロプラズマアーク溶接	エアアークガウジング	プラズマジェット切断
1.2	散乱光または側射光を受ける作業							
1.4								
1.7								
2								
2.5								
3								
4						6 以下		
5						6 を超え 15 まで		
6	−	−	−	−		15 を超え 40 まで		−
7					−	40 を超え 60 まで	−	
8	60 以下	70 以下	10 を超え 30 まで			60 を超え 100 まで		
9	60 を超え 100 まで	70 を超え 100 まで	30 を超え 70 まで	70 を超え 125 まで		100 を超え 125 まで		100 を超え 125 まで
10	100 を超え 150 まで	100 を超え 150 まで	70 を超え 125 まで	125 を超え 175 まで	125 を超え 175 まで	125 を超え 175 まで	175 以下	125 を超え 150 まで
11	150 を超え 200 まで	150 を超え 225 まで	125 を超え 200 まで	175 を超え 250 まで	175 を超え 225 まで	175 を超え 225 まで	175 を超え 200 まで	150 を超え 175 まで
12	200 を超え 300 まで	225 を超え 400 まで	200 を超え 300 まで	250 を超え 350 まで	225 を超え 300 まで	225 を超え 300 まで	200 を超え 250 まで	175 を超え 250 まで
13	300 を超え 450 まで	400 を超え 500 まで	300 を超え 350 まで	350 を超え 450 まで	300 を超え 400 まで		250 を超え 350 まで	250 を超え 400 まで
14	450 を超えた場合	500 を超えた場合		450 を超え 500 まで	400 を超え 500 まで	−	350 を超え 450 まで	
15	−	−	−				450 を超えた場合	−
16								−

a)　少量の酸素をシールドガスに含む場合
注記1　使用環境および作業者によって，1 ランク大きいまたは 1 ランク小さい遮光度番号のフィルタを使用できる。
注記2　遮光度番号の小さいフィルタを 2 枚重ねて，遮光度番号の大きいフィルタの代わりに使用する場合，重ねたフィルタの全体の遮光度番号は，次の式による。
　　　　$N = (n1 + n2) - 1$
　　　　ここに，N：2 枚のフィルタを重ねた場合の遮光度番号
　　　　n1，n2：各々のフィルタの遮光度番号
　　　　例　遮光度番号 7 のフィルタと遮光度番号 4 を重ねたものは，遮光度番号 10 のフィルタに相当する。
　　　　$10 = (7 + 4) - 1$
注記3　ISO 19734:2021 より抜粋

12.3 適切な装着

溶接面を使用する際，作業に適切な遮光プレートが装着されているかどうか確認し，これが溶接面の装着フレームにしっかりと固定されているかどうかも確認します。しっかりと固定されていない場合，遮光プレートがずれてフレームと遮光プレートの間にすき間ができるとアーク光が直接目に入ることになりますし，場合によっては作業中に遮光プレートが外れてしまうこともありますので注意します。

遮光めがねを使用する際は横幅，めがねのつるの長さ，ゴグルのヘッドバンドの長さなど，調整機能のある遮光眼鏡では自分の顔にあった調整ができているか確認して使用します。また，衛生上，保護めがね，および遮光めがねは，溶接作業者個人専用とし，共用してはいけません。

12.4 保守管理

溶接面は使用後，汚れを落とし，粉じんが付着しない場所で保管します。手持棒，取付け金具にガタつきや緩みがある場合はネジを締めるか，部品を交換します。遮光プレートに視界を妨げるようなキズ，スパッタの付着等が生じた場合は交換します。

遮光めがねは使用後に水道水で汚れを除去し，やわらかい布や紙で水分を拭きとり，乾いたら専用のケースに入れて保管します。レンズやフレームの汚れが激しい場合は，中性洗剤で洗浄し，十分にすすぎ洗いをした後，同様に手入れし保管します。めがねフレームにひび割れやキズがある場合は，部品を交換するか，めがね自体を交換します。また，レンズ部に視界を妨げるキズがある場合は，レンズ，あるいはめがね本体を交換します。

12.5 その他

金属アーク溶接等作業においては，溶接面および遮光めがねは絶対不可欠であり，装備がないと作業をすることはできませんが，直接溶接作業をしない，例えば作業環境測定業者など，現場への立入り者については完全な装備でなくても関連作業は可能です。

しかしながら，有害光線のばく露やスパッタの飛来など，溶接作業場には目に対する危険は常にありますので，金属アーク溶接等作業場に入るすべての人が目の保護を意識し，適切な保護具を着用しなければなりません。

13 安全帽および帽子

鉄骨に囲まれたところで溶接等作業を行う場合や橋梁現場などでアーク溶接を行う場合，頭部を鉄骨などにぶつける可能性や上から物が落ちてくる可能性があります。このような危険があります場所では，頭部損傷を防ぐために，保護帽の着用が要求されます。

この保護帽の性能は，「保護帽の規格」昭和50年労働省告示第66号および JIS T 8131「産業用ヘルメット」の規格を満足しなければなりません。

14 溶接用かわ製保護手袋

金属アーク溶接等作業を行う場合，スパッタなどが発生し，溶接作業者の方へ飛んでくることや，溶接後のスラグ，熱い材料などが手に直接接触することを防止するために，難燃性，耐熱性および絶縁性の優れた材質の手首覆いがついたものを着用します。長時間の溶接作業を行った場合，溶接トーチおよび溶接棒ホルダも溶接中に手に触れる部分の温度が周囲温度より最大40度上昇します。個人用保護具として，溶接用かわ製保護手袋があり，その性能は JIS T 8113 を満足するものが推奨されます。なお，かわ製手袋だけでは耐熱性が不十分な場合がありますので，綿製の軍手を下に着用しておくことが推奨されます。

15 安全靴

溶接対象物は金属ですので，小さくても重量があります。また，溶接対象物を固定する溶接ジグや鋼材に囲まれた箇所で溶接を行っている場合が多くあります。このため，対象物を設置するための移動時，溶接後の移動時に足の上に落す危険や，対象物の角，床に置かれた鋼材などに足をぶつける危険があります。一方，溶接時にはスパッタが飛び散り，足の上にかかる危険性もあります。このため，足部の損傷，熱傷などの災害防止のために，安全靴（JIS T 8101）を常時着用し，素足，下駄履き，サンダル履きなどで溶接作業を行ってはいけません。溶接時，溶接電源への戻りケーブルは接地されていますので，手や腕が充電部に触れた場合，手足を経由して電流が流れます。これらの危険から身体を守るために，耐熱性および絶縁性をもつ安全靴が必要となります。

16 前掛け，足カバー，腕カバーおよび帽子

スパッタおよびスラグから体を保護するために，溶接用かわ製手袋と同様に，体の前部には前掛けを，足には足カバーの着用が必要です。これらは，かわなどの難燃性材料で作られたものを用います。また，頭部の熱傷を防止するために，必要に応じて保護帽の下に難燃性材料で作られた帽子を着用します。溶接等作業では，必要に応じて腕カバーなどを着用します。

17　保護衣

　作業衣は，スパッタなどによる皮膚の熱傷を防止するために，発火・燃焼することなく，高温のスパッタ・スラグとの接触およびアーク光の直接照射に耐える材質のものを用います。さらに，アーク光の紫外線による熱傷も防止するために，身体を十分に覆い，破れ，ボタンの欠損などがなく，溶接作業者の体格に合った衣類を着用しなければなりません。なお，通気性の低い作業衣，呼吸用保護具，保護面，前掛けなどは，皮膚や衣服を覆ってしまいますので，汗の蒸発による体温調整を妨げてしまい，熱中症の発症条件の１つになるので注意が必要です。

　スパッタが衣服の間に入る危険性がありますので，燃えやすい合成繊維の衣類は着用してはなりません。一般的には木綿が使われていますが，難燃処理がされているものを使用することを推奨します。油類の付着した衣類は着用してはなりません。

　高温のスパッタ・スラグが飛来して，熱傷の危険性がありますので，保護衣を着る際は，袖はまくり上げない，袖や襟のボタンは確実に留めます。また，スパッタが溜まらないように，できる限り，ポケットやズボンの折返しなどないものを使用します。JIS T 8005 または JIS T 8006 の規定に従ったものを着用します。

18　耳栓・耳覆い

　騒音は，騒音性難聴の原因となります。騒音による健康障害の防止のためには，騒音の発生源で抑制することが望ましいですが，騒音を許容値以下にすることができない場合は，難燃性の耳栓（図 3.22）あるいは耳覆い（イヤーマフ）（図 3.23）を正しく装着しなければなりません。

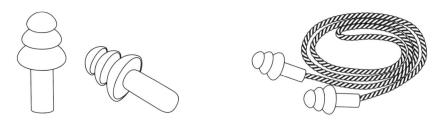

（a1）あらかじめ一定の形に成形された耳栓

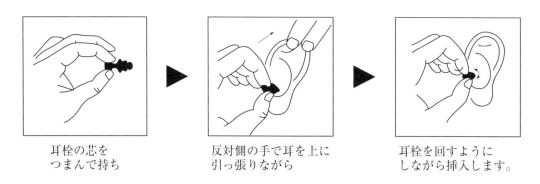

耳栓の芯を
つまんで持ち

反対側の手で耳を上に
引っ張りながら

耳栓を回すように
しながら挿入します。

（a2）あらかじめ一定の形に成形された耳栓の装着手順

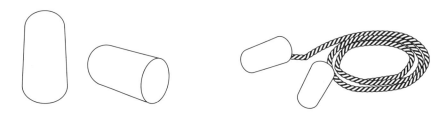

（b1）使用者ごとに耳管に合わせる耳栓

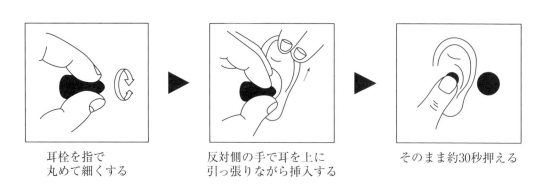

耳栓を指で
丸めて細くする

反対側の手で耳を上に
引っ張りながら挿入する

そのまま約30秒押える

（b2）使用者ごとに耳管に合わせる耳栓の装着手引

図3.22　耳栓の例

19 振動による障害の防止対策

　溶接等作業に付随する研磨作業などの際に使用する機械工具（衝撃工具や回転工具など）によって発生する振動が，人体に伝播することにより多様な症状が生じます。振動による健康障害の防止のために，次のような対策が必要となります。

a）人体に伝播する振動を軽減するために図 3.24 に示すような防振手袋（JIS T 8114
　　による規定）を着用することが推奨されます。

b）溶接作業者の振動ばく露時間をできるだけ短くするため，操作時間の厳守，他の作
　　業との組合せ等，適切な作業計画に基づいて行います。

図 3.23　耳覆い（イヤーマフ）の例

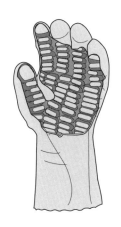

図 3.24　防振手袋の例

第4章　関係法令抄録

本章は，令和6年1月1日の時点において，関係法令で金属アーク溶接等作業に関係のある条項について収録したものです。本章には，溶接ヒュームによる健康影響を予防・防止・管理するために，ぜひ，金属アーク溶接等作業主任者として知っておく必要のある条項を収録してあります。

収録は，次のような要領で行いました。

(1) 溶接に各法令の公布・最新改正年月日および番号は，各標題の次行に記載してあります。

(2) 「章および条」の数字は「1，2，3……」，「項」の数字は「①，②，③……」，「号」の数字は，「1，2，3……」で表しています。

(3) 略号は，次のようにしました。

　安　　衛　　法：労働安全衛生法

　安衛施工令：労働安全衛生法施行令

　安　　衛　　則：労働安全衛生規則

　酸　　欠　　則：酸素欠乏症等防止規則

(4) 溶接等の安全衛生関係法令一覧を**表 4.1** から**表 4.4** に示します。

(5) **表 4.5** において，溶接ヒュームおよびマンガンとその化合物に関連する規則の一覧を示しています。

表 4.1　溶接等の安全衛生関係法令一覧

労働安全衛生法		関係法令等			
項目	条項	法令名	項目		条項
事業者の講ずべき措置等	作業主任者	安衛施工令	作業主任者を選任すべき作業		第6条
		安衛則	主任者の選任，職務の分担，氏名の周知		第16条〜第18条
	第20条危険防止	安衛則	機械等に関する規制	規格に適合した機械等の使用通知すべき事項	第27条第2項
				安全装置等の有効保持	第28条，第29条第2項
			爆発・火災等の防止	危険物等がある場所における火気等の使用禁止	第279条
				油類等の存在する配管又は容器の溶接等	第285条
				通風等の不十分な場所での溶接等	第286条
				立入禁止	第288条
				圧力の制限	第301条
				発生器室	第302条
				定期自主検査	第313条
				強烈な光線を発散する場所	第325条
			電気による危険の防止	電気機械器具の囲い等	第329条
				溶接棒等のホルダ	第331条
				交流アーク溶接機用自動電撃防止装置	第332条

表 4.1　溶接等の安全衛生関係法令一覧（つづき）

労働安全衛生法		関係法令等			
項目	条項	法令名	項目		条項
				漏電による感電の防止	第 333 条
				電気機械器具の操作部分の照度	第 335 条
				配線等の絶縁被覆	第 336 条
				移動電線等の被覆又は外装	第 337 条
				仮設の配線等	第 338 条
				電気機械器具等の使用前点検等	第 352 条
				附則　平成 3 年 10 月 1 日労働省令第 24 号	第 2 項
				附則　平成 20 年 9 月 29 日厚生労働省令第 146 号	第 2 条
	第 22 条 健康障害の 防止	安衛則	有害な作 業環境	有害原因の除去	第 576 条
				ガス等の発散の抑制等	第 577 条
				立入禁止等	第 585 条
			保護具等	呼吸用保護具等	第 593 条
				騒音障害防止用の保護具	第 595 条
				保護具の数等	第 596 条
		酸欠則	酸素欠乏 症等の防 止	溶接に係る措置	第 21 条
注文者の 講ずべ き措置	第 31 条	安衛則	交流アーク溶接機についての措置		第 648 条
譲渡等の 制限等	第 42 条	安衛法 別表 2	防じんマスク 防毒マスク 12. 交流アーク溶接機用自動電撃防止装置 16. 電動ファン付き呼吸用保護具		第 42 条
型式検定	第 44 条の 2	安衛法 別表 4	型式検定を受けるべき機械等 5. 防じんマスク 6. 防毒マスク 9. 交流アーク溶接機用自動電撃防止装置 13. 電動ファン付き呼吸用保護具		第 14 条の 2
文書の交 付等	第 57 条の 2	安衛施 工令	名称等を通知すべき有害物		第 18 条の 2
安全衛生 教育	第 59 条	安衛則	雇入れ時等の教育		第 35 条
			特別教育を必要とする業務		第 36 条
			特別教育の科目の省略		第 37 条
			特別教育の記録の保存		第 38 条
			特別教育の細目		第 39 条
就業制限	第 61 条	安衛施 工令	就業制限に係る業務		第 20 条
		安衛則	就業制限についての資格		第 41 条
			免許を受けることができる者		第 62 条
免許試験	第 75 条	安衛則	免許試験 11. 特別ボイラー溶接士免許試験 12. 普通ボイラー溶接士免許試験		第 69 条
技能講習	第 76 条	安衛則	特定化学物質作業主任者		別表 1
計画の届 出等	第 88 条	安衛施 工令	計画の届出をすべき業種等		第 24 条
		安衛則	計画の届出等		第 85 条
金属アーク溶接等作業を継続 して行う屋内作業場に係る溶 接ヒュームの濃度の測定の方 法等		厚生労働省告示第 386 号 令和 2 年 7 月 31 日			

労働安全衛生法
　　　　制　　定　昭和 47 年　法律第 57 号
　　　　最新改正　令和 4 年　法律第 68 号
労働安全衛生法施行令
　　　　制　　定　昭和 47 年　政令第 318 号
　　　　最新改正　令和 5 年 10 月 1 日　政令第 69 号
労働安全衛生規則
　　　　制　　定　昭和 47 年　労働省令第 32 号
　　　　最新改正　令和 5 年 10 月 1 日　厚生労働省令第 32 号
酸素欠乏症等防止規則
　　　　制　　定　昭和 47 年　労働省令第 42 号
　　　　最新改正　令和 4 年　厚生労働省令第 28 号

表 4.2　粉じん障害防止規則（溶接等関連の抄録）

制　　定　昭和 54 年 4 月 25 日　労働省令第 18 号
最新改正　令和 4 年 5 月 31 日　厚生労働省令第 91 号

項　　目	条・項
粉じん作業の定義等	第 2 条　別表第 1　　20 号
	同別表　20 号の 2
	同別表　21 号
換気の実施等	第 5 条
	第 6 条
臨時の粉じん作業を行う場合等の適用除外	第 7 条　第 2 項
休憩設備	第 23 条
	同条　第 2 項
	同条　第 3 項
清掃の実施	第 24 条
	同条　第 2 項
呼吸用保護具の使用	第 27 条
	同条　第 2 項

注記　　昭和 54 年 7 月 11 日基発 342 における“自動溶接”の定義は，次のとおりである。自動溶接とは，作業者が常時手動で操作しなくても溶接棒の送り及び運棒ができ，連続的にアーク溶接が進行する装置を用いて行うものをいい，代表的なものとしてサブマージアーク溶接及びグラビティ溶接がある。

表 4.3　じん肺法（溶接等関連の抄録）

制　　定　昭和 35 年 3 月 31 日　法律第 30 号
最新改正　平成 29 年 6 月 2 日　法律第 150 号

項　　目	条・項
定義	第 2 条
	同条　第 3 項
教育	第 6 条
就業時健康診断	第 7 条
定期健康診断	第 8 条　第 1 項
定期外健康診断	第 9 条
離職時健康診断	第 9 条の 2　第 1 項
労働安全衛生法の健康診断	第 10 条

表 4.4　特定化学物質障害予防規則（溶接等関連の抄録）

制　　定　昭和 47 年 9 月 30 日　労働省令第 39 号
最新改正　令和 4 年 5 月 31 日　厚生労働省令第 91 号

項　　目	条・項
ぼろ等の処理	第 12 条の 2
床	第 21 条
立入禁止措置	第 24 条
容器等	第 25 条
	第 2 項
	第 3 項
	第 4 項
特定化学物質作業主任者の選任	第 27 条
特定化学物質作業主任者の職務	第 28 条
	第 1 項
	第 2 項
	第 3 項
休憩室	第 37 条
	第 2 項
	第 3 項
洗浄設備	第 38 条
	第 2 項
	第 3 項
喫煙等の禁止	第 38 条の 2
	第 2 項
金属アーク溶接等作業に係る措置	第 38 条の 21
	第 2 項
	第 3 項
	第 4 項
	第 5 項
	第 6 項
	第 7 項
	第 8 項
	第 9 項
	第 10 項
健康診断の実施	第 39 条
健康診断の結果の記録	第 40 条
健康診断結果報告	第 41 条
緊急診断	第 42 条

表 4.5　溶接ヒュームおよびマンガンとその化合物に関連する規則の一覧

物質名	区分	労働安全衛生法		特定化学物質障害予防規則					
	特定化学物質	55*	59*	5*			7*	9*	12 の 2*
	管理第 2 類物質	表示	雇い入れ時の教育	特定第 2 類物質又は管理第 2 類物質に係る設備			局排の性能	除じん	ぼろ等の処理
				密閉式	局排	プッシュプル			
マンガン及びその化合物	○	○		○	○	○	0.05mg	○	○
溶接ヒューム	○		○	全体換気					○

表4.5　溶接ヒュームおよびマンガンとその化合物に関連する規則の一覧（つづき）

物質名	特定化学物質障害予防規則						
	24*	27*	36*		36 の 2*		
	立入り禁止の措置	作業主任者の選任	作業環境測定		作業環境測定の結果の評価		管理濃度
			実施	記録の保存	実施	記録の保存	
マンガン及びその化合物	○	○	○	3 年	○	3 年	0.05mg/m^3
溶接ヒューム	○	○					

表4.5　溶接ヒュームおよびマンガンとその化合物に関連する規則の一覧（つづき）

物質名	特定化学物質障害予防規則					
	37*	38*	38 の 2*	39・40*		42*
	休憩室	洗浄設備	喫煙等の禁止	健康診断		緊急診断
				雇入・定期	保存期間	
マンガン及びその化合物	○	○	○		5 年	○
溶接ヒューム	○	○	○	○	5 年	○

労働安全衛生法（溶接等関連の抄録）

（作業主任者を選任すべき作業）

第六条　法第十四条の政令で定める作業は，次のとおりとする。

十八　別表第三に掲げる特定化学物質を製造し，又は取り扱う作業（試験研究のため取り扱う作業及び同表第二号 3 の 3，11 の 2，13 の 2，15，15 の 2，18 の 2 から 18 の 4 まで，19 の 2 から 19 の 4 まで，22 の 2 から 22 の 5 まで，23 の 2，33 の 2 若しくは 34 の 3 に掲げる物又は同号 37 に掲げる物で同号 3 の 3，11 の 2，13 の 2，15，15 の 2，18 の 2 から 18 の 4 まで，19 の 2 から 19 の 4 まで，22 の 2 から 22 の 5 まで，23 の 2，33 の 2 若しくは 34 の 3 に係るものを製造し，又は取り扱う作業で厚生労働省令で定めるものを除く。）

別表第三　特定化学物質（第六条，第十五条，第十七条，第十八条，第十八条の二，第二十一条，第二十二条関係）

二　第二類物質

（略）

　34 の 2　溶接ヒューム

第五節　作業主任者

（作業主任者の選任）

第十六条　法第十四条の規定による作業主任者の選任は，別表第一の上欄に掲げる作業の区分に応じて，同表の中欄に掲げる資格を有する者のうちから行なうものとし，その作業主任者の名称は，同表の下欄に掲げるとおりとする。

（作業主任者の職務の分担）

第十七条　事業者は，別表第一の上欄に掲げる一の作業を同一の場所で行なう場合において，当該作業に係る作業主任者を二人以上選任したときは，それぞれの作業主任者の職務の分担を定めなければならない。

（作業主任者の氏名等の周知）

第十八条　事業者は，作業主任者を選任したときは，当該作業主任者の氏名及びその者に行なわせる事項を作業場の見やすい箇所に掲示する等により関係労働者に周知させなければならない。

粉じん障害防止規則（溶接等関連の抄録）

第一章　総則

（定義等）

第二条　この省令において，次の各号に掲げる用語の意義は，それぞれ当該各号に定めるところによる。

一　粉じん作業　別表第一に掲げる作業のいずれかに該当するものをいう。ただし，当該作業場における粉じんの発散の程度及び作業の工程その他からみて，この省令に規定する措置を講ずる必要がないと当該作業場の属する事業場の所在地を管轄する都道府県労働局長（以下この条において「所轄都道府県労働局長」という。）が認定した作業を除く。

別表第一（第二条，第三条関係）

（略）

二十　屋内，坑内又はタンク，船舶，管，車両等の内部において，金属を溶断し，又はアークを用いてガウジングする作業

二十の二　金属をアーク溶接する作業

二十一　金属を溶射する場所における作業

第二章　設備等の基準

（換気の実施等）

第五条　事業者は，特定粉じん作業以外の粉じん作業を行う屋内作業場については，当該粉じん作業に係る粉じんを減少させるため，全体換気装置による換気の実施又はこれと同等以上の措置を講じなければならない。

第六条　事業者は，特定粉じん作業以外の粉じん作業を行う坑内作業場（ずい道等（ずい道及びたて坑以外の坑（採石法（昭和二十五年法律第二百九十一号）第二条に規定する岩石の採取のためのものを除く。）をいう。以下同じ。）の内部において，ずい道等の建設の作業を行うものを除く。）については，当該粉じん作業に係る粉じんを減少させるため，換気装置による換気の実施又はこれと同等以上の措置を講じなければならない。

第六条の二　事業者は，粉じん作業を行う坑内作業場（ずい道等の内部において，ずい道等の建設の作業を行うものに限る。次条及び第六条の四第二項において同じ。）については，当該粉じん作業に係る粉じんを減少させるため，換気装置による換気の実施又はこれと同等以上の措置を講じなければならない。

第六条の三　事業者は，粉じん作業を行う坑内作業場について，半月以内ごとに一回，定期に，厚生労働大臣の定めるところにより，当該坑内作業場の切羽に近接する場所の空気中の粉じんの濃度を測定し，その結果を評価しなければならない。ただし，ずい道等の長さが短いこと等により，空気中の粉じんの濃度の測定が著しく困難である場合は，この限りでない。

2　事業者は，粉じん作業を行う坑内作業場において前項の規定による測定を行うときは，厚生労働大臣の定めるところにより，当該坑内作業場における粉じん中の遊離けい酸の含有率を測定しなけ

ればならない。ただし，当該坑内作業場における鉱物等中の遊離けい酸の含有率が明らかな場合にあつては，この限りでない。

第六条の四　事業者は，前条第一項の規定による空気中の粉じんの濃度の測定の結果に応じて，換気装置の風量の増加その他必要な措置を講じなければならない。

2　事業者は，粉じん作業を行う坑内作業場について前項に規定する措置を講じたときは，その効果を確認するため，厚生労働大臣の定めるところにより，当該坑内作業場の切羽に近接する場所の空気中の粉じんの濃度を測定しなければならない。

3　事業者は，前条又は前項の規定による測定を行つたときは，その都度，次の事項を記録して，これを七年間保存しなければならない。

　　一　測定日時
　　二　測定方法
　　三　測定箇所
　　四　測定条件
　　五　測定結果
　　六　測定を実施した者の氏名
　　七　測定結果に基づいて改善措置を講じたときは，当該措置の概要
　　八　測定結果に応じた有効な呼吸用保護具を使用させたときは，当該呼吸用保護具の概要

4　事業者は，前項各号に掲げる事項を，常時各作業場の見やすい場所に掲示し，又は備え付ける等の方法により，労働者に周知させなければならない。

（臨時の粉じん作業を行う場合等の適用除外）

第七条　第四条及び前三条の規定は，次の各号のいずれかに該当する場合であつて，事業者が，当該特定粉じん作業に従事する労働者に対し，有効な呼吸用保護具（別表第三第一号の二又は第二号の二に掲げる作業を行う場合にあつては，防じん機能を有する電動ファン付き呼吸用保護具又は防毒機能を有する電動ファン付き呼吸用保護具であつて防じん機能を有するものに限る。以下この項において同じ。）を使用させたとき（当該特定粉じん作業の一部を請負人に請け負わせる場合にあつては，当該特定粉じん作業に従事する労働者に対し，有効な呼吸用保護具を使用させ，かつ，当該請負人に対し，有効な呼吸用保護具を使用する必要がある旨を周知させたとき）は，適用しない。

　　一　臨時の特定粉じん作業を行う場合
　　二　同一の特定粉じん発生源に係る特定粉じん作業を行う期間が短い場合
　　三　同一の特定粉じん発生源に係る特定粉じん作業を行う時間が短い場合

2　第五条から前条までの規定は，次の各号のいずれかに該当する場合であつて，事業者が，当該粉じん作業に従事する労働者に対し，有効な呼吸用保護具（別表第三第三号の二に掲げる作業を行う場合にあつては，防じん機能を有する電動ファン付き呼吸用保護具又は防毒機能を有する電動ファン付き呼吸用保護具であつて防じん機能を有するものに限る。以下この項において同じ。）を使用させたとき（当該粉じん作業の一部を請負人に請け負わせる場合にあつては，当該粉じん作業に従事する労働者に対し，有効な呼吸用保護具を使用させ，かつ，当該請負人に対し，有効な呼吸用保護具を使用する必要がある旨を周知させたとき）は，適用しない。

　　一　臨時の粉じん作業であつて，特定粉じん作業以外のものを行う場合
　　二　同一の作業場において特定粉じん作業以外の粉じん作業を行う期間が短い場合
　　三　同一の作業場において特定粉じん作業以外の粉じん作業を行う時間が短い場合

（休憩設備）

第二十三条　事業者は，粉じん作業に労働者を従事させるときは，粉じん作業を行う作業場以外の場

所に休憩設備を設けなければならない。ただし，坑内等特殊な作業場で，これによることができないやむを得ない事由があるときは，この限りでない。

2　事業者は，前項の休憩設備には，労働者が作業衣等に付着した粉じんを除去することのできる用具を備え付けなければならない。

3　粉じん作業に従事した者は，第一項の休憩設備を利用する前に作業衣等に付着した粉じんを除去しなければならない。

（掲示）

第二十三条の二　事業者は，粉じん作業に労働者を従事させるときは，次の事項を，見やすい箇所に掲示しなければならない。

一　粉じん作業を行う作業場である旨

二　粉じんにより生ずるおそれのある疾病の種類及びその症状

三　粉じん等の取扱い上の注意事項

四　次に掲げる場合にあつては，有効な呼吸用保護具を使用しなければならない旨及び使用すべき呼吸用保護具

　　イ　第七条第一項の規定により第四条及び第六条の二から第六条の四までの規定が適用されない場合

　　ロ　第七条第二項の規定により第五条から第六条の四までの規定が適用されない場合

　　ハ　第八条の規定により第四条の規定が適用されない場合

　　ニ　第九条第一項の規定により第四条の規定が適用されない場合

　　ホ　第二十四条第二項ただし書の規定により清掃を行う場合

　　ヘ　第二十六条の三第一項の場所において作業を行う場合

　　ト　第二十七条第一項の作業を行う場合（第七条第一項各号又は第二項各号に該当する場合及び第二十七条第一項ただし書の場合を除く。）

　　チ　第二十七条第三項の作業を行う場合（第七条第一項各号又は第二項各号に該当する場合を除く。）

（清掃の実施）

第二十四条　事業者は，粉じん作業を行う屋内の作業場所については，毎日一回以上，清掃を行わなければならない。

2　事業者は，粉じん作業を行う屋内作業場の床，設備等及び第二十三条第一項の休憩設備が設けられている場所の床等（屋内のものに限る。）については，たい積した粉じんを除去するため，一月以内ごとに一回，定期に，真空掃除機を用いて，又は水洗する等粉じんの飛散しない方法によつて清掃を行わなければならない。ただし，粉じんの飛散しない方法により清掃を行うことが困難な場合において，当該清掃に従事する労働者に対し，有効な呼吸用保護具を使用させたとき（当該清掃の一部を請負人に請け負わせる場合にあつては，当該清掃に従事する労働者に対し，有効な呼吸用保護具を使用させ，かつ，当該請負人に対し，有効な呼吸用保護具を使用する必要がある旨を周知させたとき）は，その他の方法により清掃を行うことができる。

第六章　保護具

（呼吸用保護具の使用）

第二十七条　事業者は，別表第三に掲げる作業（第三項に規定する作業を除く。）に労働者を従事させる場合（第七条第一項各号又は第二項各号に該当する場合を除く。）にあつては，当該作業に従事する労働者に対し，有効な呼吸用保護具（別表第三第五号に掲げる作業を行う場合にあつては，

送気マスク又は空気呼吸器に限る。次項において同じ。）を使用させなければならない。ただし，粉じんの発生源を密閉する設備，局所排気装置又はプッシュプル型換気装置の設置，粉じんの発生源を湿潤な状態に保つための設備の設置等の措置であつて，当該作業に係る粉じんの発散を防止するために有効なものを講じたときは，この限りでない。

2　事業者は，前項の作業の一部を請負人に請け負わせる場合（第七条第一項各号又は第二項各号に該当する場合を除く。）にあつては，当該請負人に対し，有効な呼吸用保護具を使用する必要がある旨を周知させなければならない。ただし，前項ただし書の措置を講じたときは，この限りでない。

3　事業者は，別表第三第一号の二，第二号の二又は第三号の二に掲げる作業に労働者を従事させる場合（第七条第一項各号又は第二項各号に該当する場合を除く。）にあつては，厚生労働大臣の定めるところにより，当該作業場についての第六条の三及び第六条の四第二項の規定による測定の結果（第六条の三第二項ただし書に該当する場合には，鉱物等中の遊離けい酸の含有率を含む。）に応じて，当該作業に従事する労働者に有効な防じん機能を有する電動ファン付き呼吸用保護具又は防毒機能を有する電動ファン付き呼吸用保護具であつて防じん機能を有するものを使用させなければならない。

4　事業者は，前項の作業の一部を請負人に請け負わせる場合（第七条第一項各号又は第二項各号に該当する場合を除く。）にあつては，前項の厚生労働大臣の定めるところにより，同項の測定の結果に応じて，当該請負人に対し，有効な防じん機能を有する電動ファン付き呼吸用保護具又は防毒機能を有する電動ファン付き呼吸用保護具であつて防じん機能を有するものを使用する必要がある旨を周知させなければならない。

5　労働者は，第七条，第八条，第九条第一項，第二十四条第二項ただし書並びに本条第一項及び第三項の規定により呼吸用保護具の使用を命じられたときは，当該呼吸用保護具を使用しなければならない。

別表第三（第七条，第二十七条関係）

（略）

十四　別表第一第十九号から第二十号の二までに掲げる作業

十五　別表第一第二十一号に掲げる作業のうち，手持式溶射機を用いて金属を溶射する作業

じん肺法（溶接等関連の抄録）

（定義）

第二条　この法律において，次の各号に掲げる用語の意義は，それぞれ当該各号に定めるところによる。

三　粉じん作業　当該作業に従事する労働者がじん肺にかかるおそれがあると認められる作業をいう。

2　合併症の範囲については，厚生労働省令で定める。

3　粉じん作業の範囲は，厚生労働省令で定める。

（教育）

第六条　事業者は，労働安全衛生法及び鉱山保安法の規定によるほか，常時粉じん作業に従事する労働者に対してじん肺に関する予防及び健康管理のために必要な教育を行わなければならない。

第二章　健康管理
第一節　じん肺健康診断の実施

（就業時健康診断）

第七条　事業者は，新たに常時粉じん作業に従事することとなつた労働者（当該作業に従事することとなつた日前一年以内にじん肺健康診断を受けて，じん肺管理区分が管理二又は管理三イと決定された労働者その他厚生労働省令で定める労働者を除く。）に対して，その就業の際，じん肺健康診断を行わなければならない。この場合において，当該じん肺健康診断は，厚生労働省令で定めるところにより，その一部を省略することができる。

（定期健康診断）

第八条　事業者は，次の各号に掲げる労働者に対して，それぞれ当該各号に掲げる期間以内ごとに一回，定期的に，じん肺健康診断を行わなければならない。

一　常時粉じん作業に従事する労働者（次号に掲げる者を除く。）　三年

二　常時粉じん作業に従事する労働者でじん肺管理区分が管理二又は管理三であるもの　一年

三　常時粉じん作業に従事させたことのある労働者で，現に粉じん作業以外の作業に常時従事しているもののうち，じん肺管理区分が管理二である労働者（厚生労働省令で定める労働者を除く。）　三年

四　常時粉じん作業に従事させたことのある労働者で，現に粉じん作業以外の作業に常時従事しているもののうち，じん肺管理区分が管理三である労働者（厚生労働省令で定める労働者を除く。）　一年

2　前条後段の規定は，前項の規定によるじん肺健康診断を行う場合に準用する。

（定期外健康診断）

第九条　事業者は，次の各号の場合には，当該労働者に対して，遅滞なく，じん肺健康診断を行わなければならない。

一　常時粉じん作業に従事する労働者（じん肺管理区分が管理二，管理三又は管理四と決定された労働者を除く。）が，労働安全衛生法第六十六条第一項又は第二項の健康診断において，じん肺の所見があり，又はじん肺にかかつている疑いがあると診断されたとき。

二　合併症により一年を超えて療養のため休業した労働者が，医師により療養のため休業を要しなくなつたと診断されたとき。

三　前二号に掲げる場合のほか，厚生労働省令で定めるとき。

2　第七条後段の規定は，前項の規定によるじん肺健康診断を行う場合に準用する。

特定化学物質障害予防規則（溶接等関連の抄録）

（ぼろ等の処理）

第十二条の二　事業者は，特定化学物質（クロロホルム等及びクロロホルム等以外のものであつて別表第一第三十七号に掲げる物を除く。次項，第二十二条第一項，第二十二条の二第一項，第二十五条第二項及び第三項並びに第四十三条において同じ。）により汚染されたぼろ，紙くず等については，労働者が当該特定化学物質により汚染されることを防止するため，蓋又は栓をした不浸透性の容器に納めておく等の措置を講じなければならない。

2　事業者は，特定化学物質を製造し，又は取り扱う業務の一部を請負人に請け負わせるときは，当該請負人に対し，特定化学物質により汚染されたぼろ，紙くず等については，前項の措置を講ずる必要がある旨を周知させなければならない。

（床）

第二十一条　事業者は，第一類物質を取り扱う作業場（第一類物質を製造する事業場において当該第一類物質を取り扱う作業場を除く。），オーラミン等又は管理第二類物質を製造し，又は取り扱う作業場及び特定化学設備を設置する屋内作業場の床を不浸透性の材料で造らなければならない。

（立入禁止措置）

第二十四条　事業者は，次の作業場に関係者以外の者が立ち入ることについて，禁止する旨を見やすい箇所に表示することその他の方法により禁止するとともに，表示以外の方法により禁止したときは，当該作業場が立入禁止である旨を見やすい箇所に表示しなければならない。

一　第一類物質又は第二類物質（クロロホルム等及びクロロホルム等以外のものであつて別表第一第三十七号に掲げる物を除く。第三十六条及び第三十八条の二において同じ。）を製造し，又は取り扱う作業場（臭化メチル等を用いて燻くん蒸作業を行う作業場を除く。）

（容器等）

第二十五条　事業者は，特定化学物質を運搬し，又は貯蔵するときは，当該物質が漏れ，こぼれる等のおそれがないように，堅固な容器を使用し，又は確実な包装をしなければならない。

2　事業者は，前項の容器又は包装の見やすい箇所に当該物質の名称及び取扱い上の注意事項を表示しなければならない。

3　事業者は，特定化学物質の保管については，一定の場所を定めておかなければならない。

4　事業者は，特定化学物質の運搬，貯蔵等のために使用した容器又は包装については，当該物質が発散しないような措置を講じ，保管するときは，一定の場所を定めて集積しておかなければならない。

第五章　管理

（特定化学物質作業主任者等の選任）

第二十七条　事業者は，令第六条第十八号の作業については，特定化学物質及び四アルキル鉛等作業主任者技能講習（次項に規定する金属アーク溶接等作業主任者限定技能講習を除く。第五十一条第一項及び第三項において同じ。）（特別有機溶剤業務に係る作業にあつては，有機溶剤作業主任者技能講習）を修了した者のうちから，特定化学物質作業主任者を選任しなければならない。

2　事業者は，前項の規定にかかわらず，令第六条第十八号の作業のうち，金属をアーク溶接する作業，アークを用いて金属を溶断し，又はガウジングする作業その他の溶接ヒュームを製造し，又は取り扱う作業（以下「金属アーク溶接等作業」という。）については，講習科目を金属アーク溶接等作業に係るものに限定した特定化学物質及び四アルキル鉛等作業主任者技能講習（第五十一条第四項において「金属アーク溶接等作業主任者限定技能講習」という。）を修了した者のうちから，金属アーク溶接等作業主任者を選任することができる。

3　令第六条第十八号の厚生労働省令で定めるものは，次に掲げる業務とする。

一　第二条の二各号に掲げる業務

二　第三十八条の八において準用する有機則第二条第一項及び第三条第一項の場合におけるこれらの項の業務（別表第一第三十七号に掲げる物に係るものに限る。）

（特定化学物質作業主任者の職務）

第二十八条　事業者は，特定化学物質作業主任者に次の事項を行わせなければならない。

一　作業に従事する労働者が特定化学物質により汚染され，又はこれらを吸入しないように，作業の方法を決定し，労働者を指揮すること。

二　局所排気装置，プッシュプル型換気装置，除じん装置，排ガス処理装置，排液処理装置その他労

働者が健康障害を受けることを予防するための装置を一月を超えない期間ごとに点検すること。

三　保護具の使用状況を監視すること。

四　タンクの内部において特別有機溶剤業務に労働者が従事するときは，第三十八条の八において準用する有機則第二十六条各号（第二号，第四号及び第七号を除く。）に定める措置が講じられていることを確認すること。

（金属アーク溶接等作業主任者の職務）

第二十八条の二　事業者は，金属アーク溶接等作業主任者に次の事項を行わせなければならない。

一　作業に従事する労働者が溶接ヒュームにより汚染され，又はこれを吸入しないように，作業の方法を決定し，労働者を指揮すること。

二　全体換気装置その他労働者が健康障害を受けることを予防するための装置を一月を超えない期間ごとに点検すること。

三　保護具の使用状況を監視すること。

（休憩室）

第三十七条　事業者は，第一類物質又は第二類物質を常時，製造し，又は取り扱う作業に労働者を従事させるときは，当該作業を行う作業場以外の場所に休憩室を設けなければならない。

2　事業者は，前項の休憩室については，同項の物質が粉状である場合は，次の措置を講じなければならない。

一　入口には，水を流し，又は十分湿らせたマットを置く等労働者の足部に付着した物を除去するための設備を設けること。

二　入口には，衣服用ブラシを備えること。

三　床は，真空掃除機を使用して，又は水洗によつて容易に掃除できる構造のものとし，毎日一回以上掃除すること。

3　第一項の作業に従事した者は，同項の休憩室に入る前に，作業衣等に付着した物を除去しなければならない。

（洗浄設備）

第三十八条　事業者は，第一類物質又は第二類物質を製造し，又は取り扱う作業に労働者を従事させるときは，洗眼，洗身又はうがいの設備，更衣設備及び洗濯のための設備を設けなければならない。

2　事業者は，労働者の身体が第一類物質又は第二類物質により汚染されたときは，速やかに，労働者に身体を洗浄させ，汚染を除去させなければならない。

3　事業者は，第一項の作業の一部を請負人に請け負わせるときは，当該請負人に対し，身体が第一類物質又は第二類物質により汚染されたときは，速やかに身体を洗浄し，汚染を除去する必要がある旨を周知させなければならない。

4　労働者は，第二項の身体の洗浄を命じられたときは，その身体を洗浄しなければならない。

（喫煙等の禁止）

第三十八条の二　事業者は，第一類物質又は第二類物質を製造し，又は取り扱う作業場における作業に従事する者の喫煙又は飲食について，禁止する旨を当該作業場の見やすい箇所に表示することその他の方法により禁止するとともに，表示以外の方法により禁止したときは，当該作業場において喫煙又は飲食が禁止されている旨を当該作業場の見やすい箇所に表示しなければならない。

2　前項の作業場において作業に従事する者は，当該作業場で喫煙し，又は飲食してはならない。

（掲示）

第三十八条の三　事業者は，特定化学物質を製造し，又は取り扱う作業場には，次の事項を，見やすい箇所に掲示しなければならない。

一　特定化学物質の名称

二　特定化学物質により生ずるおそれのある疾病の種類及びその症状

三　特定化学物質の取扱い上の注意事項

四　次条に規定する作業場（次号に掲げる場所を除く。）にあつては，使用すべき保護具

五　次に掲げる場所にあつては，有効な保護具を使用しなければならない旨及び使用すべき保護具

    イ　第六条の二第一項の許可に係る作業場（同項の濃度の測定を行うときに限る。）

    ロ　第六条の三第一項の許可に係る作業場であつて，第三十六条第一項の測定の結果の評価が第三十六条の二第一項の第一管理区分でなかつた作業場及び第一管理区分を維持できないおそれがある作業場

    ハ　第二十二条第一項第十号の規定により，労働者に必要な保護具を使用させる作業場

    ニ　第二十二条の二第一項第六号の規定により，労働者に必要な保護具を使用させる作業場

    ホ　金属アーク溶接等作業を行う作業場

    ヘ　第三十六条の三第一項の場所

    ト　第三十八条の七第一項第二号の規定により，労働者に有効な呼吸用保護具を使用させる作業場

    チ　第三十八条の十三第三項第二号に該当する場合において，同条第四項の措置を講ずる作業場

    リ　第三十八条の二十第二項各号に掲げる作業を行う作業場

    ヌ　第四十四条第三項の規定により，労働者に保護眼鏡並びに不浸透性の保護衣，保護手袋及び保護長靴を使用させる作業場

（金属アーク溶接等作業に係る措置）

第三十八条の二十一　事業者は，金属アーク溶接等作業を行う屋内作業場については，当該金属アーク溶接等作業に係る溶接ヒュームを減少させるため，全体換気装置による換気の実施又はこれと同等以上の措置を講じなければならない。この場合において，事業者は，第五条の規定にかかわらず，金属アーク溶接等作業において発生するガス，蒸気若しくは粉じんの発散源を密閉する設備，局所排気装置又はプッシュプル型換気装置を設けることを要しない。

2　事業者は，金属アーク溶接等作業を継続して行う屋内作業場において，新たな金属アーク溶接等作業の方法を採用しようとするとき，又は当該作業の方法を変更しようとするときは，あらかじめ，厚生労働大臣の定めるところにより，当該金属アーク溶接等作業に従事する労働者の身体に装着する試料採取機器等を用いて行う測定により，当該作業場について，空気中の溶接ヒュームの濃度を測定しなければならない。

3　事業者は，前項の規定による空気中の溶接ヒュームの濃度の測定の結果に応じて，換気装置の風量の増加その他必要な措置を講じなければならない。

4　事業者は，前項に規定する措置を講じたときは，その効果を確認するため，第二項の作業場について，同項の規定により，空気中の溶接ヒュームの濃度を測定しなければならない。

5　事業者は，金属アーク溶接等作業に労働者を従事させるときは，当該労働者に有効な呼吸用保護具を使用させなければならない。

6　事業者は，金属アーク溶接等作業の一部を請負人に請け負わせるときは，当該請負人に対し，有効な呼吸用保護具を使用する必要がある旨を周知させなければならない。

7　事業者は，金属アーク溶接等作業を継続して行う屋内作業場において当該金属アーク溶接等作業に労働者を従事させるときは，厚生労働大臣の定めるところにより，当該作業場についての第二項及び第四項の規定による測定の結果に応じて，当該労働者に有効な呼吸用保護具を使用させなければならない。

8　事業者は，金属アーク溶接等作業を継続して行う屋内作業場において当該金属アーク溶接等作業

の一部を請負人に請け負わせるときは，当該請負人に対し，前項の測定の結果に応じて，有効な呼吸用保護具を使用する必要がある旨を周知させなければならない。

9　事業者は，第七項の呼吸用保護具（面体を有するものに限る。）を使用させるときは，一年以内ごとに一回，定期に，当該呼吸用保護具が適切に装着されていることを厚生労働大臣の定める方法により確認し，その結果を記録し，これを三年間保存しなければならない。

10　事業者は，第二項又は第四項の規定による測定を行つたときは，その都度，次の事項を記録し，これを当該測定に係る金属アーク溶接等作業の方法を用いなくなつた日から起算して三年を経過する日まで保存しなければならない。

　　一　測定日時
　　二　測定方法
　　三　測定箇所
　　四　測定条件
　　五　測定結果
　　六　測定を実施した者の氏名
　　七　測定結果に応じて改善措置を講じたときは，当該措置の概要
　　八　測定結果に応じた有効な呼吸用保護具を使用させたときは，当該呼吸用保護具の概要

11　事業者は，金属アーク溶接等作業に労働者を従事させるときは，当該作業を行う屋内作業場の床等を，水洗等によつて容易に掃除できる構造のものとし，水洗等粉じんの飛散しない方法によつて，毎日一回以上掃除しなければならない。

12　労働者は，事業者から第五項又は第七項の呼吸用保護具の使用を命じられたときは，これを使用しなければならない。

第六章　健康診断

（健康診断の実施）

第三十九条　事業者は，令第二十二条第一項第三号の業務（石綿等の取扱い若しくは試験研究のための製造又は石綿分析用試料等（石綿則第二条第四項に規定する石綿分析用試料等をいう。）の製造に伴い石綿の粉じんを発散する場所における業務及び別表第一第三十七号に掲げる物を製造し，又は取り扱う業務を除く。）に常時従事する労働者に対し，別表第三の上欄に掲げる業務の区分に応じ，雇入れ又は当該業務への配置替えの際及びその後同表の中欄に掲げる期間以内ごとに一回，定期に，同表の下欄に掲げる項目について医師による健康診断を行わなければならない。

2　事業者は，令第二十二条第二項の業務（石綿等の製造又は取扱いに伴い石綿の粉じんを発散する場所における業務を除く。）に常時従事させたことのある労働者で，現に使用しているものに対し，別表第三の上欄に掲げる業務のうち労働者が常時従事した同項の業務の区分に応じ，同表の中欄に掲げる期間以内ごとに一回，定期に，同表の下欄に掲げる項目について医師による健康診断を行わなければならない。

3　事業者は，前二項の健康診断（シアン化カリウム（これをその重量の五パーセントを超えて含有する製剤その他の物を含む。），シアン化水素（これをその重量の一パーセントを超えて含有する製剤その他の物を含む。）及びシアン化ナトリウム（これをその重量の五パーセントを超えて含有する製剤その他の物を含む。）を製造し，又は取り扱う業務に従事する労働者に対し行われた第一項の健康診断を除く。）の結果，他覚症状が認められる者，自覚症状を訴える者その他異常の疑いがある者で，医師が必要と認めるものについては，別表第四の上欄に掲げる業務の区分に応じ，それぞれ同表の下欄に掲げる項目について医師による健康診断を行わなければならない。

4　第一項の業務（令第十六条第一項各号に掲げる物（同項第四号に掲げる物及び同項第九号に掲げる物で同項第四号に係るものを除く。）及び特別管理物質に係るものを除く。）が行われる場所について第三十六条の二第一項の規定による評価が行われ，かつ，次の各号のいずれにも該当するときは，当該業務に係る直近の連続した三回の第一項の健康診断（当該健康診断の結果に基づき，前項の健康診断を実施した場合については，同項の健康診断）の結果，新たに当該業務に係る特定化学物質による異常所見があると認められなかつた労働者については，当該業務に係る第一項の健康診断に係る別表第三の規定の適用については，同表中欄中「六月」とあるのは，「一年」とする。

一　当該業務を行う場所について，第三十六条の二第一項の規定による評価の結果，直近の評価を含めて連続して三回，第一管理区分に区分された（第二条の三第一項の規定により，当該場所について第三十六条の二第一項の規定が適用されない場合は，過去一年六月の間，当該場所の作業環境が同項の第一管理区分に相当する水準にある）こと。

二　当該業務について，直近の第一項の規定に基づく健康診断の実施後に作業方法を変更（軽微なものを除く。）していないこと。

5　令第二十二条第二項第二十四号の厚生労働省令で定める物は，別表第五に掲げる物とする。

6　令第二十二条第一項第三号の厚生労働省令で定めるものは，次に掲げる業務とする。

一　第二条の二各号に掲げる業務

二　第三十八条の八において準用する有機則第三条第一項の場合における同項の業務（別表第一第三十七号に掲げる物に係るものに限る。次項第三号において同じ。）

7　令第二十二条第二項の厚生労働省令で定めるものは，次に掲げる業務とする。

一　第二条の二各号に掲げる業務

二　第二条の二第一号イに掲げる業務（ジクロロメタン（これをその重量の一パーセントを超えて含有する製剤その他の物を含む。）を製造し，又は取り扱う業務のうち，屋内作業場等において行う洗浄又は払拭の業務を除く。）

三　第三十八条の八において準用する有機則第三条第一項の場合における同項の業務

別表第三（第三十九条関係）

業務		期間	項目
	（略）		
（六十二）	溶接ヒューム（これをその重量の一パーセントを超えて含有する製剤その他の物を含む。）を製造し，又は取り扱う業務	六月	一　業務の経歴の調査 二　作業条件の簡易な調査 三　溶接ヒュームによるせき，たん，仮面様顔貌，膏こう顔，流涎えん，発汗異常，手指の振顫せん，書字拙劣，歩行障害，不随意性運動障害，発語異常等のパーキンソン症候群様症状の既往歴の有無の検査 四　せき，たん，仮面様顔貌，膏こう顔，流涎えん，発汗異常，手指の振顫せん，書字拙劣，歩行障害，不随意性運動障害，発語異常等のパーキンソン症候群様症状の有無の検査 五　握力の測定

（健康診断の結果の記録）

第四十条　事業者は，前条第一項から第三項までの健康診断（法第六十六条第五項ただし書の場合において当該労働者が受けた健康診断を含む。次条において「特定化学物質健康診断」という。）の結果に基づき，特定化学物質健康診断個人票（様式第二号）を作成し，これを五年間保存しなけれ

ばならない。

（健康診断結果報告）

第四十一条　事業者は，第三十九条第一項から第三項までの健康診断（定期のものに限る。）を行つ
　　たときは，遅滞なく，特定化学物質健康診断結果報告書（様式第三号）を所轄労働基準監督署長に
　　提出しなければならない。

（緊急診断）

第四十二条　事業者は，特定化学物質（別表第一第三十七号に掲げる物を除く。以下この項及び次項
　　において同じ。）が漏えいした場合において，労働者が当該特定化学物質により汚染され，又は当
　　該特定化学物質を吸入したときは，遅滞なく，当該労働者に医師による診察又は処置を受けさせな
　　ければならない。

2　事業者は，特定化学物質を製造し，又は取り扱う業務の一部を請負人に請け負わせる場合におい
　　て，当該請負人に対し，特定化学物質が漏えいした場合であつて，当該特定化学物質により汚染さ
　　れ，又は当該特定化学物質を吸入したときは，遅滞なく医師による診察又は処置を受ける必要があ
　　る旨を周知させなければならない。

3　第一項の規定により診察又は処置を受けさせた場合を除き，事業者は，労働者が特別有機溶剤等
　　により著しく汚染され，又はこれを多量に吸入したときは，速やかに，当該労働者に医師による診
　　察又は処置を受けさせなければならない。

4　第二項の診察又は処置を受けた場合を除き，事業者は，特別有機溶剤等を製造し，又は取り扱う
　　業務の一部を請負人に請け負わせる場合において，当該請負人に対し，特別有機溶剤等により著し
　　く汚染され，又はこれを多量に吸入したときは，速やかに医師による診察又は処置を受ける必要が
　　ある旨を周知させなければならない。

5　前二項の規定は，第三十八条の八において準用する有機則第三条第一項の場合における同項の業
　　務については適用しない。

第七章　保護具

（呼吸用保護具）

第四十三条　事業者は，特定化学物質を製造し，又は取り扱う作業場には，当該物質のガス，蒸気又
　　は粉じんを吸入することによる労働者の健康障害を予防するため必要な呼吸用保護具を備えなけれ
　　ばならない。

（保護具の数等）

第四十五条　事業者は，前二条の保護具については，同時に就業する労働者の人数と同数以上を備え，
　　常時有効かつ清潔に保持しなければならない。

第九章　特定化学物質及び四アルキル鉛等作業主任者技能講習

第五十一条　特定化学物質及び四アルキル鉛等作業主任者技能講習は，学科講習によつて行う。

2　学科講習は，特定化学物質及び四アルキル鉛に係る次の科目について行う。

　一　健康障害及びその予防措置に関する知識

　二　作業環境の改善方法に関する知識

　三　保護具に関する知識

　四　関係法令

3　労働安全衛生規則第八十条から第八十二条の二まで及び前二項に定めるもののほか，特定化学物
　　質及び四アルキル鉛等作業主任者技能講習の実施について必要な事項は，厚生労働大臣が定める。

4　前三項の規定は，金属アーク溶接等作業主任者限定技能講習について準用する。この場合において，「特定化学物質及び四アルキル鉛等作業主任者技能講習」とあるのは「金属アーク溶接等作業主任者限定技能講習」と，「特定化学物質及び四アルキル鉛に係る」とあるのは「溶接ヒュームに係る」と読み替えるものとする。

化学物質関係作業主任者技能講習規程

有機溶剤中毒予防規則（昭和四十七年労働省令第三十六号）第三十六条の二第三項＜現行＝第三十七条第三項＞，鉛中毒予防規則（昭和四十七年労働省令第三十七号）第六十条第三項，四アルキル鉛中毒予防規則（昭和四十七年労働省令第三十八号）第二十七条第三項及び特定化学物質等障害予防規則（昭和四十七年労働省令第三十九号）第五十一条第三項の規定に基づき，化学物質関係作業主任者技能講習規程を次のように定め，平成六年七月一日から適用する。

　有機溶剤作業主任者技能講習規程（昭和五十三年労働省告示第九十号），鉛作業主任者技能講習規程（昭和四十七年労働省告示第百二十四号），四アルキル鉛等作業主任者技能講習規程（昭和四十七年労働省告示第百二十六号）及び特定化学物質等作業主任者技能講習規程（昭和四十七年労働省告示第百二十八号）は，平成六年六月三十日限り廃止する。

化学物質関係作業主任者技能講習規程

（講師）

第一条　有機溶剤作業主任者技能講習，鉛作業主任者技能講習及び特定化学物質及び四アルキル鉛等作業主任者技能講習（以下「技能講習」と総称する。）の講師は，労働安全衛生法（昭和四十七年法律第五十七号）別表第二十第十一号の表の講習科目の欄に掲げる講習科目に応じ，それぞれ同表の条件の欄に掲げる条件のいずれかに適合する知識経験を有する者とする。

（講習科目の範囲及び時間）

第二条　技能講習は，次の表の上欄に掲げる講習科目に応じ，それぞれ，同表の中欄に掲げる範囲について同表の下欄に掲げる講習時間により，教本等必要な教材を用いて行うものとする。（表）

2　前項の技能講習は，おおむね百人以内の受講者を一単位として行うものとする。

（修了試験）

第三条　技能講習においては，修了試験を行うものとする。

2　前項の修了試験は，講習科目について，筆記試験又は口述試験によって行う。

3　前項に定めるもののほか，修了試験の実施について必要な事項は，厚生労働省労働基準局長の定めるところによる。

附　則　（平成一二・一・三一　労働省告示第二号）（抄）

（適用期日）

第一　この告示は，平成十二年四月一日から適用する。

（経過措置）

第二　この告示の適用前にこの告示による改正前のそれぞれの告示の規定に基づき都道府県労働基準局長が行った行為又はこの告示の適用の際現にこれらの規定に基づき都道府県労働基準局長に対してされている行為は，改正後のそれぞれの告示の相当規定に基づき都道府県労働局長が行った行為又は都道府県労働局長に対してされている行為とみなす。

附　則　（平成一二・一二・二五　労働省告示第一二〇号）（抄）

（適用期日）

第一　この告示は，内閣法の一部を改正する法律（平成十二年法律第八十八号）の施行の日（平成十三年一月六日）から適用する。

附　則　（令和五・四・三　厚生労働省告示第一六八号）

この告示は，令和六年一月一日から適用する。

表

講習科目	範　囲				講習時間
	有機溶剤作業主任者技能講習	鉛作業主任者技能講習	特定化学物質及び四アルキル鉛等作業主任者技能講習（金属アーク溶接等作業主任者限定技能講習（特定化学物質障害予防規則（昭和四十七年労働省令第三十九号）第二十七条第二項に規定する金属アーク溶接等作業主任者限定技能講習をいう。以下同じ。）を除く。）	金属アーク溶接等作業主任者限定技能講習	
健康障害及びその予防措置に関する知識	（略）	（略）	特定化学物質による健康障害及び四アルキル鉛中毒の病理，症状，予防方法及び応急措置	溶接ヒュームによる健康障害の病理，症状，予防方法及び応急措置	四時間（鉛作業主任者技能講習にあっては三時間，金属アーク溶接等作業主任者限定技能講習にあっては一時間）
作業環境の改善方法に関する知識	（略）	（略）	特定化学物質及び四アルキル鉛の性質　特定化学物質の製造又は取扱い及び四アルキル鉛等業務に係る器具その他の設備の管理　作業環境の評価及び改善の方法	溶接ヒュームの性質　金属アーク溶接等作業（金属をアーク溶接する作業，アークを用いて金属を溶断し，又はガウジングする作業その他の溶接ヒュームを製造し，又は取り扱う作業をいう。以下同じ。）に係る器具その他の設備の管理　作業環境の評価及び改善の方法	四時間（鉛作業主任者技能講習にあっては三時間，金属アーク溶接等作業主任者限定技能講習にあっては二時間）
保護具に関する知識	（略）	（略）	特定化学物質の製造又は取扱い及び四アルキル鉛等業務に係る保護具の種類，性能，使用方法及び管理	金属アーク溶接等作業に係る保護具の種類，性能，使用方法及び管理	二時間（鉛作業主任者技能講習にあっては一時間）
関係法令	（略）	（略）	労働安全衛生法，労働安全衛生法施行令及び労働安全衛生規則中の関係条項　特定化学物質障害予防規則　四アルキル鉛中毒予防規則	労働安全衛生法，労働安全衛生法施行令及び労働安全衛生規則中の関係条項　特定化学物質障害予防規則	二時間（鉛作業主任者技能講習にあっては三時間，金属アーク溶接等作業主任者限定技能講習にあっては一時間）

金属アーク溶接等作業を継続して行う屋内作業場に係る溶接ヒュームの濃度の測定の方法等

（令和二年七月三十一日）

（厚生労働省告示第二百八十六号）

特定化学物質障害予防規則（昭和四十七年労働省令第三十九号）第三十八条の二十一第二項，第六項及び第七項の規定に基づき，金属アーク溶接等作業を継続して行う屋内作業場に係る溶接ヒュームの濃度の測定の方法等を次のように定める。

金属アーク溶接等作業を継続して行う屋内作業場に係る溶接ヒュームの濃度の測定の方法等（溶接ヒュームの濃度の測定）

第一条　特定化学物質障害予防規則（昭和四十七年労働省令第三十九号。以下「特化則」という。）第三十八条の二十一第二項の規定による溶接ヒュームの濃度の測定は，次に定めるところによらなければならない。

一　試料空気の採取は，特化則第二十七条第二項に規定する金属アーク溶接等作業（次号及び第三号において「金属アーク溶接等作業」という。）に従事する労働者の身体に装着する試料採取機器を用いる方法により行うこと。この場合において，当該試料採取機器の採取口は，当該労働者の呼吸する空気中の溶接ヒュームの濃度を測定するために最も適切な部位に装着しなければならない。

二　前号の規定による試料採取機器の装着は，金属アーク溶接等作業のうち労働者にばく露される溶接ヒュームの量がほぼ均一であると見込まれる作業（以下この号において「均等ばく露作業」という。）ごとに，それぞれ，適切な数（二以上に限る。）の労働者に対して行うこと。ただし，均等ばく露作業に従事する一の労働者に対して，必要最小限の間隔をおいた二以上の作業日において試料採取機器を装着する方法により試料空気の採取が行われたときは，この限りでない。

三　試料空気の採取の時間は，当該採取を行う作業日ごとに，労働者が金属アーク溶接等作業に従事する全時間とすること。

四　溶接ヒュームの濃度の測定は，次に掲げる方法によること。

イ　作業環境測定基準（昭和五十一年労働省告示第四十六号）第二条第二項の要件に該当する分粒装置を用いるろ過捕集方法又はこれと同等以上の性能を有する試料採取方法

ロ　吸光光度分析方法若しくは原子吸光分析方法又はこれらと同等以上の性能を有する分析方法（令五厚労告一六八・一部改正）

（呼吸用保護具の使用）

第二条　特化則第三十八条の二十一第七項に規定する呼吸用保護具は，当該呼吸用保護具に係る要求防護係数を上回る指定防護係数を有するものでなければならない。

2　前項の要求防護係数は，次の式により計算するものとする。

$$PFr = C \diagup 0.05$$

（この式において，PFr及びCは，それぞれ次の値を表すものとする。PFr　要求防護係数　C　前条の測定における溶接ヒューム中のマンガンの濃度の測定値のうち最大のもの（単位ミリグラム毎立方メートル））

3　第一項の指定防護係数は，別表第一から別表第三までの上欄に掲げる呼吸用保護具の種類に応じ，それぞれ同表の下欄に掲げる値とする。ただし，別表第四の上欄に掲げる呼吸用保護具を使用した作業における当該呼吸用保護具の外側及び内側の溶接ヒュームの濃度の測定又はそれと同等の測定の結果により得られた当該呼吸用保護具に係る防護係数が同表の下欄に掲げる指定防護係数を上回

ることを当該呼吸用保護具の製造者が明らかにする書面が当該呼吸用保護具に添付されている場合は，同表の上欄に掲げる呼吸用保護具の種類に応じ，それぞれ同表の下欄に掲げる値とすることができる。(令四厚労告三三五・一部改正)

(呼吸用保護具の装着の確認)

第三条　特化則第三十八条の二十一第九項の厚生労働大臣が定める方法は，同条第七項の呼吸用保護具（面体を有するものに限る。）を使用する労働者について，日本産業規格 T 八一五〇（呼吸用保護具の選択，使用及び保守管理方法）に定める方法又はこれと同等の方法により当該労働者の顔面と当該呼吸用保護具の面体との密着の程度を示す係数(以下この項及び次項において「フィットファクタ」という。）を求め，当該フィットファクタが呼吸用保護具の種類に応じた要求フィットファクタを上回っていることを確認する方法とする。

2　フィットファクタは，次の式により計算するものとする。

$$FF = Cout \diagup Cin$$

（この式において FF，Cout 及び Cin は，それぞれ次の値を表すものとする。

FF　フィットファクタ，Cout　呼吸用保護具の外側の測定対象物の濃度，

Cin　呼吸用保護具の内側の測定対象物の濃度）

3　第一項の要求フィットファクタは，呼吸用保護具の種類に応じ，次に掲げる値とする。

一　全面形面体を有する呼吸用保護具　五〇〇

二　半面形面体を有する呼吸用保護具　一〇〇

(令四厚労告三三五・一部改正)

別表第一（第二条関係）

防じんマスクの種類			指定防護係数
取替え式	全面形面体	RS 三または RL 三	五〇
		RS 二または RL 二	十四
		RS 一または RL 一	四
	半面形面体	RS 三または RL 三	一〇
		RS 二または RL 二	一〇
		RS 一または RL 一	四
使い捨て式		DS 三または DL 三	一〇
		DS 二または DL 二	一〇
		DS 一または DL 一	四
備考　RS 一，RS 二，RS 三，RL 一，RL 二，RL 三，DS 一，DS 二，DS 三，DL 一，DL 二及び DL 三は，防じんマスクの規格(昭和六十三年労働省告示第十九号)第一条第三項の規定による区分であること。			

別表第二（第二条関係）

（令五厚労告八八・一部改正）

防じん機能を有する電動ファン付き呼吸用保護具の種類			指定防護係数
全面形面体	S 級	PS 三または PL 三	一,〇〇〇
	A 級	PS 二または PL 二	九〇
	A 級又は B 級	PS 一または PL 一	一九
半面形面体	S 級	PS 三または PL 三	五〇
	A 級	PS 二または PL 二	三三
	A 級又は B 級	PS 一または PL 一	一四
フード又はフェイスシールドを有するもの	S 級	PS 三または PL 三	二五
	A 級		二〇
	S 級又は A 級	PS 二または PL 二	二〇
	S 級，A 級または B 級	PS 一または PL 一	一一
備考　S 級，A 級及び B 級は，電動ファン付き呼吸用保護具の規格（平成二十六年厚生労働省告示第四百五十五号）第二条第四項の規定による区分（別表第四において同じ。）であること。PS 一，PS 二，PS 三，PL 一，PL 二及び PL 三は，同条第五項の規定による区分（同表において同じ。）であること。			

別表第三（第二条関係）

（令五厚労告八八，一部改正）

その他の呼吸用保護具の種類			指定防護係数
循環式呼吸器	全面形面体	圧縮酸素形かつ陽圧形	一〇,〇〇〇
		圧縮酸素形かつ陰圧形	五〇
		酸素発生形	五〇
	半面形面体	圧縮酸素形かつ陽圧形	五〇
		圧縮酸素形かつ陰圧形	一〇
		酸素発生形	一〇
空気呼吸器	全面形面体	プレッシャデマンド形	一〇,〇〇〇
		デマンド形	五〇
	半面形面体	プレッシャデマンド形	五〇
		デマンド形	一〇
エアラインマスク	全面形面体	プレッシャデマンド形	一,〇〇〇
		デマンド形	五〇
		一定流量形	一,〇〇〇
	半面形面体	プレッシャデマンド形	五〇
		デマンド形	一〇
		一定流量形	五〇
	フード又はフェイスシールドを有するもの	一定流量形	二五
ホースマスク	全面形面体	電動送風機形	一,〇〇〇
		手動送風機形又は肺力吸引形	五〇
	半面形面体	電動送風機形	五〇
		手動送風機形又は肺力吸引形	一〇
	フード又はフェイスシールドを有するもの	電動送風機形	二五

別表第四 （第二条関係）

（令五厚労告八八 一部改正）

呼吸用保護具の種類		指定防護係数
防じん機能を有する電動ファン付き呼吸用保護具であって半面形面 体を有するもの	S 級かつ PS 三又は PL 三	三〇〇
防じん機能を有する電動ファン付き呼吸用保護具であってフードを 有するもの		一,〇〇〇
防じん機能を有する電動ファン付き呼吸用保護具であってフェイス シールドを有するもの		三〇〇
フードを有するエアラインマスク	一定流量形	一,〇〇〇

附則

この告示は，令和三年四月一日から施行する。ただし，令和四年三月三十一日までの間は，第二条及び第三条の規定は，適用しない。

改正文　（令和四年一一月一七日厚生労働省告示第三三五号）抄

令和五年四月一日から適用する。

附則 （令和五年三月二七日厚生労働省告示第八八号）抄

この告示は，令和五年十月一日から適用する。

附則 （令和五年四月三日厚生労働省告示第一六八号）

この告示は，令和六年一月一日から適用する。

基安化発 0115 第 1 号

令和 3 年 1 月 15 日

特定化学物質障害予防規則における第 2 類物質「溶接ヒューム」に係る関係省令等の解釈等について

令和 2 年 4 月 22 日に公布された特定化学物質障害予防規則及び作業環境測定法施行規則の一部を改正する省令（令和 2 年厚生労働省令第 89 号）による改正後の特定化学物質障害予防規則（昭和 47 年労働省令第 39 号。以下「新特化則」という。）等の内容等については，「労働安全衛生法施行令の一部を改正する政令等の施行について」（令和 2 年 4 月 22 日付け基発 0422 第 4 号）及び「金属アーク溶接等作業を継続して行う屋内作業場に係る溶接ヒュームの濃度の測定の方法等の施行について」（令和 2 年 7 月 31 日付け基発 0731 第 1 号）により通知したところであるが，その施行に伴う解釈等は，下記のとおりであるので，了知の上，これらの取扱いについて遺漏なきを期されたい。

記

1　新特化則第 38 条の 21 第 2 項関係

(1)「溶接ヒューム」にマンガンが含まれていない場合の適用

（問）溶接材料等にマンガンを含まないアーク溶接で発生するヒュームについても，溶接ヒュームの濃度測定を行わなければならないのか。

(答)溶接ヒュームのばく露による有害性については,含有されるマンガンによる神経機能障害に加え,溶接ヒューム自体のばく露による肺がんのリスクが上昇していることが報告され,溶接ヒュームとマンガン及びその化合物の毒性,健康影響等は異なる可能性が高いことから,第2類物質について,改正安衛令において,「マンガン」とは別に「溶接ヒューム」を規定したこと。

　溶接材料及び母材の成分の中に,不純物による混入を含め,マンガンが全く含まれていないことを証明することは困難であり,マンガンが含まれていないとされている溶接材料及び母材から生じた溶接ヒューム中にマンガンが測定されることはありえること。また,溶接ヒュームの濃度は,溶接方法や諸条件によって大きく異なるため,実際に測定してみなければ,溶接ヒューム中のマンガンの濃度を把握することは困難であること。このようなことから,溶接ヒュームの濃度測定を行う必要があること。

　なお,新特化則の規制対象となる第2類物質は,マンガンの含有の有無にかかわらず「溶接ヒューム」としていること。

(2)「継続」の定義

(問)金属アーク溶接等作業を継続して行う屋内作業場において,当該作業の頻度が少なければ,溶接ヒュームの濃度測定は不要か。

(答)新特化則第38条の21第2項の規定に基づく溶接ヒュームの濃度測定は,当該濃度測定の結果を踏まえた作業環境の改善を図るために実施するものであること。このため,同じ場所で繰り返し行われない金属アーク溶接等作業については,溶接ヒュームの濃度測定の結果を作業環境の改善に活かすことが難しいことから,新特化則における義務としていないこと。

　一方,金属アーク溶接等作業を継続して行う屋内作業場については,その頻度が少ない場合であっても,溶接ヒュームの濃度測定の結果を作業環境の改善に活かすことができることから,溶接ヒュームの濃度測定を実施する必要があること。

2　新特化則第38条の21第5項関係
有効な呼吸用保護具の選択

(問)新特化則第38条の21第5項における有効な呼吸用保護具の性能はどのようなものか。

(答)「防じんマスクの選択,使用等について」(平成17年2月7日付け基発第0207006号。以下「マスク選択通達」という。)に基づき選択するものであること。

3　新特化則第38条の21第6項関係
(1)有効な呼吸用保護具の選択

(問)新特化則第38条の21第6項における有効な呼吸用保護具について,溶接ヒュームの濃度がマンガンに係るばく露の基準値である0.05mg/m³以下の場合の性能はどのようなものか。

(答)新特化則第38条の21第6項の厚生労働大臣の定める有効な呼吸用保護具は,金属アーク溶接等作業を継続して行う屋内作業場に係る溶接ヒュームの濃度の測定の方法等(令和2年厚生労働省告示第286号)において,要求防護係数を上回る指定防護係数のものを選択しなければならないこととしていること。

　溶接ヒュームの濃度測定の結果,マンガンの含有濃度が0.05mg/m³以下の場合,要求防護係数は1以下となるが,その場合も要求防護係数を上回る指定防護係数を有する呼吸用保護具を選択する必要があること。

　ただし,金属アーク溶接作業にあっては,別途粉じん障害防止規則(昭和54年労働省令第18号。以下「粉じん則」という。)第27条第1項の規定に基づく有効な呼吸用保護具を使用させなければ

ならないこと。

（2）新特化則と粉じん則の関係

（問）新特化則第36条の21第6項に基づく有効な呼吸用保護具と粉じん則に基づく防じんマスクは，どちらを選択すべきか。

（答）新特化則においては，神経機能障害を発症させるマンガンを含んだ溶接ヒュームのばく露を防止するために有効な呼吸用保護具を使用させるものであり，上記（1）のとおり，要求防護係数を上回る指定防護係数を有するものを使用させなければならない。

　一方，粉じん則においては，じん肺を発症させる粉じんのばく露を防止するために呼吸用保護具を使用させるものであり，マスク選択通達に基づき，性能がRS2，RS3，DS2，DS3，RL2，RL3，DL2又はDL3の防じんマスクを使用させなければならない。

　このように，それぞれ求められる目的や性能が異なるものであるが，いずれかのうち防護性能の高い方の呼吸用保護具を使用させること。

　たとえば，新特化則に基づく有効な呼吸用保護具の性能がDS1又はDL1で，マスク選択通達に基づく防じんマスクの性能がRS2，RS3，DS2，DS3，RL2，RL3，DL2又はDL3であった場合，より性能の高い後者を選択し，使用させること。

4　その他

特定化学物質障害予防規則第21条（不浸透性の床）関係

（問）建設現場における鉄格子（すのこ状のもの）の足場板については，不浸透性の材料で造られた床に該当するか。

（答）特定化学物質障害予防規則第21条では，管理第2類物質については発じんの防止又はその漏えい物の処理の見地から，当該物質を製造し，又は取り扱う作業場の床を不浸透性のものとしなければならないことを求めている。このため，不浸透性の床とする範囲については，当該影響を及ぼすおそれのある区画された作業場をいうものであること。

　建設現場における鉄格子（すのこ状のもの）の足場板については，不浸透性の材料で造られた床に該当しないが，この特定化学物質障害予防規則第21条の規定の趣旨を踏まえれば，溶接ヒュームの影響を及ぼす区画が建設現場の屋外作業場であり，繰り返し行われない金属アーク溶接等作業であって，かつ，溶接ヒュームが堆積するおそれのない場合であれば，特定化学物質障害予防規則第21条の規定の趣旨である発じんの防止や漏えい物（堆積粉じん）の処理作業を行う必要のないものであることから，不浸透性の床でなくても差し支えないこと。

　なお，作業場内の床面等に堆積した粉じん等の中で溶接ヒュームの含有量が1パーセント以下の場合は，当該作業場の床を不浸透性の材料とする必要はないことに留意すること

基発0525第3号
令和5年5月25日

防じんマスク，防毒マスク及び電動ファン付き呼吸用保護具の選択，使用等について

標記について，これまで防じんマスク，防毒マスク等の呼吸用保護具を使用する労働者の健康障害を防止するため，「防じんマスクの選択，使用等について」（平成17年2月7日付け基発第0207006号。

以下「防じんマスク通達」という。）及び「防毒マスクの選択，使用等について」（平成17年2月7日付け基発第0207007号。以下「防毒マスク通達」という。）により，その適切な選択，使用，保守管理等に当たって留意すべき事項を示してきたところである。

　今般，労働安全衛生規則等の一部を改正する省令（令和4年厚生労働省令第91号。以下「改正省令」という。）等により，新たな化学物質管理が導入されたことに伴い，呼吸用保護具の選択，使用等に当たっての留意事項を下記のとおり定めたので，関係事業場に対して周知を図るとともに，事業場の指導に当たって遺漏なきを期されたい。

　なお，防じんマスク通達及び防毒マスク通達は，本通達をもって廃止する。

記

第1　共通事項

1　趣旨等

改正省令による改正後の労働安全衛生規則（昭和47年労働省令第32号。以下「安衛則」という。）第577条の2第1項において，事業者に対し，リスクアセスメントの結果等に基づき，代替物の使用，発散源を密閉する設備，局所排気装置又は全体換気装置の設置及び稼働，作業の方法の改善，有効な呼吸用保護具を使用させること等必要な措置を講ずることにより，リスクアセスメント対象物に労働者がばく露される程度を最小限度にすることが義務付けられた。さらに，同条第2項において，厚生労働大臣が定めるものを製造し，又は取り扱う業務を行う屋内作業場においては，労働者がこれらの物にばく露される程度を，厚生労働大臣が定める濃度の基準（以下「濃度基準値」という。）以下とすることが事業者に義務付けられた。

　これらを踏まえ，化学物質による健康障害防止のための濃度の基準の適用等に関する技術上の指針（令和5年4月27日付け技術上の指針第24号。以下「技術上の指針」という。）が定められ，化学物質等による危険性又は有害性等の調査等に関する指針（平成27年9月18日付け危険性又は有害性等の調査等に関する指針公示第3号。以下「化学物質リスクアセスメント指針」という。）と相まって，リスクアセスメント及びその結果に基づく必要な措置のために実施すべき事項が規定されている。

　本指針は，化学物質リスクアセスメント指針及び技術上の指針で定めるリスク低減措置として呼吸用保護具を使用する場合に，その適切な選択，使用，保守管理等に当たって留意すべき事項を示したものである。

2　基本的考え方

(1)　事業者は，化学物質リスクアセスメント指針に規定されているように，危険性又は有害性の低い物質への代替，工学的対策，管理的対策，有効な保護具の使用という優先順位に従い，対策を検討し，労働者のばく露の程度を濃度基準値以下とすることを含めたリスク低減措置を実施すること。

　　その際，保護具については，適切に選択され，使用されなければ効果を発揮しないことを踏まえ，本質安全化，工学的対策等の信頼性と比較し，最も低い優先順位が設定されていることに留意すること。

(2)　事業者は，労働者の呼吸域における物質の濃度が，保護具の使用を除くリスク低減措置を講じてもなお，当該物質の濃度基準値を超えること等，リスクが高い場合，有効な呼吸用保護具を選択し，労働者に適切に使用させること。その際，事業者は，呼吸用保護具の選択及び使用が適切に実施されなければ，所期の性能が発揮されないことに留意し，呼吸用保護具が適切に選択及び使用されているかの確認を行うこと。

3　管理体制等

(1) 事業者は，リスクアセスメントの結果に基づく措置として，労働者に呼吸用保護具を使用させるときは，保護具に関して必要な教育を受けた保護具着用管理責任者（安衛則第12条の6第1項に規定する保護具着用管理責任者をいう。以下同じ。）を選任し，次に掲げる事項を管理させなければならないこと。

ア　呼吸用保護具の適正な選択に関すること

イ　労働者の呼吸用保護具の適正な使用に関すること

ウ　呼吸用保護具の保守管理に関すること

エ　改正省令による改正後の特定化学物質障害予防規則（昭和47年労働省令第39号。以下「特化則」という。）第36条の3の2第4項等で規定する第三管理区分に区分された場所（以下「第三管理区分場所」という。）における，同項第1号及び第2号並びに同条第5項第1号から第3号までに掲げる措置のうち，呼吸用保護具に関すること

オ　第三管理区分場所における特定化学物質作業主任者の職務（呼吸用保護具に関する事項に限る。）について必要な指導を行うこと

(2) 事業者は，化学物質管理者の管理の下，保護具着用管理責任者に，呼吸用保護具を着用する労働者に対して，作業環境中の有害物質の種類，発散状況，濃度，作業時のばく露の危険性の程度等について教育を行わせること。また，事業者は，保護具着用管理責任者に，各労働者が着用する呼吸用保護具の取扱説明書，ガイドブック，パンフレット等（以下「取扱説明書等」という。）に基づき，適正な装着方法，使用方法及び顔面と面体の密着性の確認方法について十分な教育や訓練を行わせること。

(3) 事業者は，保護具着用管理責任者に，安衛則第577条の2第11項に基づく有害物質のばく露の状況の記録を把握させ，ばく露の状況を踏まえた呼吸用保護具の適正な保守管理を行わせること。

4　呼吸用保護具の選択

(1) 呼吸用保護具の種類の選択

ア　事業者は，あらかじめ作業場所に酸素欠乏のおそれがないことを労働者等に確認させること。酸素欠乏又はそのおそれがある場所及び有害物質の濃度が不明な場所ではろ過式呼吸用保護具を使用させてはならないこと。酸素欠乏のおそれがある場所では，日本産業規格 T 8150「呼吸用保護具の選択，使用及び保守管理方法」（以下「JIS T 8150」という。）を参照し，指定防護係数が1000以上の全面形面体を有する，別表2及び別表3に記載している循環式呼吸器，空気呼吸器，エアラインマスク及びホースマスク（以下「給気式呼吸用保護具」という。）の中から有効なものを選択すること。

イ　防じんマスク及び防じん機能を有する電動ファン付き呼吸用保護具（以下「P-PAPR」という。）は，酸素濃度18%以上の場所であっても，有害なガス及び蒸気（以下「有毒ガス等」という。）が存在する場所においては使用しないこと。このような場所では，防毒マスク，防毒機能を有する電動ファン付き呼吸用保護具（以下「G-PAPR」という。）又は給気式呼吸用保護具を使用すること。粉じん作業であっても，他の作業の影響等によって有毒ガス等が流入するような場合には，改めて作業場の作業環境の評価を行い，適切な防じん機能を有する防毒マスク，防じん機能を有するG-PAPR又は給気式呼吸用保護具を使用すること。

ウ　安衛則第280条第1項において，引火性の物の蒸気又は可燃性ガスが爆発の危険のある濃度に達するおそれのある箇所において電気機械器具（電動機，変圧器，コード接続器，開閉器，分電盤，配電盤等電気を通ずる機械，器具その他の設備のうち配線及び移動電線以外のものをいう。以下同じ。）を使用するときは，当該蒸気又はガスに対しその種類及び爆発の危険のある濃度に達するおそれに応じた防爆性能を有する防爆構造電気機械器具でなければ使用してはならない旨規定されて

おり，非防爆タイプの電動ファン付き呼吸用保護具を使用してはならないこと。また，引火性の物には，常温以下でも危険となる物があることに留意すること。

エ　安衛則第281条第1項又は第282条第1項において，それぞれ可燃性の粉じん（マグネシウム粉，アルミニウム粉等爆燃性の粉じんを除く。）又は爆燃性の粉じんが存在して爆発の危険のある濃度に達するおそれのある箇所及び爆発の危険のある場所で電気機械器具を使用するときは，当該粉じんに対し防爆性能を有する防爆構造電気機械器具でなければ使用してはならない旨規定されており，非防爆タイプの電動ファン付き呼吸用保護具を使用してはならないこと。

(2) 要求防護係数を上回る指定防護係数を有する呼吸用保護具の選択

ア　金属アーク等溶接作業を行う事業場においては，「金属アーク溶接等作業を継続して行う屋内作業場に係る溶接ヒュームの濃度の測定の方法等」（令和2年厚生労働省告示第286号。以下「アーク溶接告示」という。）で定める方法により，第三管理区分場所においては，「第三管理区分に区分された場所に係る有機溶剤等の濃度の測定の方法等」（令和4年厚生労働省告示第341号。以下「第三管理区分場所告示」という。）に定める方法により濃度の測定を行い，その結果に基づき算出された要求防護係数を上回る指定防護係数を有する呼吸用保護具を使用しなければならないこと。

イ　濃度基準値が設定されている物質については，技術上の指針の3から6に示した方法により測定した当該物質の濃度を用い，技術上の指針の7－3に定める方法により算出された要求防護係数を上回る指定防護係数を有する呼吸用保護具を選択すること。

ウ　濃度基準値又は管理濃度が設定されていない物質で，化学物質の評価機関によりばく露限界の設定がなされている物質については，原則として，技術上の指針の2－1(3)及び2－2に定めるリスクアセスメントのための測定を行い，技術上の指針の5－1(2)アで定める八時間時間加重平均値を八時間時間加重平均のばく露限界（TWA）と比較し，技術上の指針の5－1(2)イで定める十五分間時間加重平均値を短時間ばく露限界値（STEL）と比較し，別紙1の計算式によって要求防護係数を求めること。さらに，求めた要求防護係数と別表1から別表3までに記載された指定防護係数を比較し，要求防護係数より大きな値の指定防護係数を有する呼吸用保護具を選択すること。

エ　有害物質の濃度基準値やばく露限界に関する情報がない場合は，化学物質管理者，化学物質管理専門家をはじめ，労働衛生に関する専門家に相談し，適切な指定防護係数を有する呼吸用保護具を選択すること。

(3) 法令に保護具の種類が規定されている場合の留意事項

安衛則第592条の5，有機溶剤中毒予防規則（昭和47年労働省令第36号。以下「有機則」という。）第33条，鉛中毒予防規則（昭和47年労働省令第37号。以下「鉛則」という。）第58条，四アルキル鉛中毒予防規則（昭和47年労働省令第38号。以下「四アルキル鉛則」という。）第4条，特化則第38条の13及び第43条，電離放射線障害防止規則（昭和47年労働省令第41号。以下「電離則」という。）第38条並びに粉じん障害防止規則（昭和54年労働省令第18号。以下「粉じん則」という。）第27条のほか労働安全衛生法令に定める防じんマスク，防毒マスク，P-PAPR又はG-PAPRについては，法令に定める有効な性能を有するものを労働者に使用させなければならないこと。なお，法令上，呼吸用保護具のろ過材の種類等が指定されているものについては，別表5を参照すること。なお，別表5中の金属のヒューム（溶接ヒュームを含む。）及び鉛については，化学物質としての有害性に着目した基準値により要求防護係数が算出されることとなるが，これら物質については，粉じんとしての有害性も配慮すべきことから，算出された要求防護係数の値にかかわらず，ろ過材の種類をRS2，RL2，DS2，DL2以上のものとしている趣旨であること。

(4) 呼吸用保護具の選択に当たって留意すべき事項

ア　事業者は，有害物質を直接取り扱う作業者について，作業環境中の有害物質の種類，作業内容，有害物質の発散状況，作業時のばく露の危険性の程度等を考慮した上で，必要に応じ呼吸用保護具を選択，使用等させること。

イ　事業者は，防護性能に関係する事項以外の要素（着用者，作業，作業強度，環境等）についても考慮して呼吸用保護具を選択させること。なお，呼吸用保護具を着用しての作業は，通常より身体に負荷がかかることから，着用者によっては，呼吸用保護具着用による心肺機能への影響，閉所恐怖症，面体との接触による皮膚炎，腰痛等の筋骨格系障害等を生ずる可能性がないか，産業医等に確認すること。

ウ　事業者は，保護具着用管理責任者に，呼吸用保護具の選択に際して，目の保護が必要な場合は，全面形面体又はルーズフィット形呼吸用インタフェースの使用が望ましいことに留意させること。

エ　事業者は，保護具着用管理責任者に，作業において，事前の計画どおりの呼吸用保護具が使用されているか，着用方法が適切か等について確認させること。

オ　作業者は，事業者，保護具着用管理責任者等から呼吸用保護具着用の指示が出たら，それに従うこと。また，作業中に臭気，息苦しさ等の異常を感じたら，速やかに作業を中止し避難するとともに，状況を保護具着用管理責任者等に報告すること。

5　呼吸用保護具の適切な装着

(1) フィットテストの実施

金属アーク溶接等作業を行う作業場所においては，アーク溶接告示で定める方法により，第三管理区分場所においては，第三管理区分場所告示に定める方法により，1 年以内ごとに 1 回，定期に，フィットテストを実施しなければならないこと。上記以外の事業場であって，リスクアセスメントに基づくリスク低減措置として呼吸用保護具を労働者に使用させる事業場においては，技術上の指針の 7 - 4 及び次に定めるところにより，1 年以内ごとに 1 回，フィットテストを行うこと。

ア　呼吸用保護具（面体を有するものに限る。）を使用する労働者について，JIS T 8150 に定める方法又はこれと同等の方法により当該労働者の顔面と当該呼吸用保護具の面体との密着の程度を示す係数（以下「フィットファクタ」という。）を求め，当該フィットファクタが要求フィットファクタを上回っていることを確認する方法とすること。

イ　フィットファクタは，別紙 2 により計算するものとすること。

ウ　要求フィットファクタは，別表 4 に定めるところによること。

(2) フィットテストの実施に当たっての留意事項

ア　フィットテストは，労働者によって使用される面体がその労働者の顔に密着するものであるか否かを評価する検査であり，労働者の顔に合った面体を選択するための方法（手順は，JIS T 8150 を参照。）である。なお，顔との密着性を要求しないルーズフィット形呼吸用インタフェースは対象外である。面体を有する呼吸用保護具は，面体が労働者の顔に密着した状態を維持することによって初めて呼吸用保護具本来の性能が得られることから，フィットテストにより適切な面体を有する呼吸用保護具を選択することは重要であること。

イ　面体を有する呼吸用保護具については，着用する労働者の顔面と面体とが適切に密着していなければ，呼吸用保護具としての本来の性能が得られないこと。特に，着用者の吸気時に面体内圧が陰圧（すなわち，大気圧より低い状態）になる防じんマスク及び防毒マスクは，着用する労働者の顔面と面体とが適切に密着していない場合は，粉じんや有毒ガス等が面体の接顔部から面体内へ漏れ込むことになる。また，通常の着用状態であれば面体内圧が常に陽圧（すなわち，大気圧より高い状態）になる面体形の電動ファン付き呼吸用保護具であっても，着用する労働者の顔面と面体とが適切に密着していない場合は，多量の空気を使用することになり，連続稼働時間が短くなり，場合

によっては本来の防護性能が得られない場合もある。

ウ　面体については，フィットテストによって，着用する労働者の顔面に合った形状及び寸法の接顔部を有するものを選択及び使用し，面体を着用した直後には，(3) に示す方法又はこれと同等以上の方法によってシールチェック（面体を有する呼吸用保護具を着用した労働者自身が呼吸用保護具の装着状態の密着性を調べる方法。以下同じ。）を行い，各着用者が顔面と面体とが適切に密着しているかを確認すること。

エ　着用者の顔面と面体とを適正に密着させるためには，着用時の面体の位置，しめひもの位置及び締め方等を適切にさせることが必要であり，特にしめひもについては，耳にかけることなく，後頭部において固定させることが必要であり，加えて，次の①，②，③のような着用を行わせないことに留意すること。

①面体と顔の間にタオル等を挟んで使用すること。

②着用者のひげ，もみあげ，前髪等が面体の接顔部と顔面の間に入り込む，排気弁の作動を妨害する等の状態で使用すること。

③ヘルメットの上からしめひもを使用すること。

オ　フィットテストは，定期に実施するほか，面体を有する呼吸用保護具を選択するとき又は面体の密着性に影響すると思われる顔の変形（例えば，顔の手術などで皮膚にくぼみができる等）があったときに，実施することが望ましいこと。

カ　フィットテストは，個々の労働者と当該労働者が使用する面体又はこの面体と少なくとも接顔部の形状，サイズ及び材質が同じ面体との組合せで行うこと。合格した場合は，フィットテストと同じ型式，かつ，同じ寸法の面体を労働者に使用させ，不合格だった場合は，同じ型式であって寸法が異なる面体若しくは異なる型式の面体を選択すること又はルーズフィット形呼吸用インタフェースを有する呼吸用保護具を使用すること等について検討する必要があること。

(3)　シールチェックの実施

　　シールチェックは，ろ過式呼吸用保護具（電動ファン付き呼吸用保護具については，面体形のみ）の取扱説明書に記載されている内容に従って行うこと。シールチェックの主な方法には，陰圧法と陽圧法があり，それぞれ次のとおりであること。なお，ア及びイに記載した方法とは別に，作業場等に備え付けた簡易機器等によって，簡易に密着性を確認する方法（例えば，大気じんを利用する機器，面体内圧の変動を調べる機器等）がある。

ア　陰圧法によるシールチェック

　面体を顔面に押しつけないように，フィットチェッカー等を用いて吸気口をふさぐ（連結管を有する場合は，連結管の吸気口をふさぐ又は連結管を握って閉塞させる）。息をゆっくり吸って，面体の顔面部と顔面との間から空気が面体内に流入せず，面体が顔面に吸いつけられることを確認する。

イ　陽圧法によるシールチェック

　面体を顔面に押しつけないように，フィットチェッカー等を用いて排気口をふさぐ。息を吐いて，空気が面体内から流出せず，面体内に呼気が滞留することによって面体が膨張することを確認する。

6　電動ファン付き呼吸用保護具の故障時等の措置

(1)　電動ファン付き呼吸用保護具に付属する警報装置が警報を発したら，速やかに安全な場所に移動すること。警報装置には，ろ過材の目詰まり，電池の消耗等による風量低下を警報するもの，電池の電圧低下を警報するもの，面体形のものにあっては，面体内圧が陰圧に近づいていること又は達したことを警報するもの等があること。警報装置が警報を発した場合は，新しいろ過材若しくは吸収缶又は充電された電池との交換を行うこと。

(2)　電動ファン付き呼吸用保護具が故障し，電動ファンが停止した場合は，速やかに退避すること。

第2 防じんマスク及び P-PAPR の選択及び使用に当たっての留意事項

1 防じんマスク及び P-PAPR の選択

(1) 防じんマスク及び P-PAPR は，機械等検定規則（昭和47年労働省令第45号。以下「検定則」という。）第14条の規定に基づき付されている型式検定合格標章により，型式検定合格品であることを確認すること。なお，吸気補助具付き防じんマスクについては，検定則に定める型式検定合格標章に「補」が記載されている。また，吸気補助具が分離できるもの等，2箇所に型式検定合格標章が付されている場合は，型式検定合格番号が同一となる組合せが適切な組合せであり，当該組合せで使用して初めて型式検定に合格した防じんマスクとして有効に機能するものであること。

(2) 安衛則第592条の5，鉛則第58条，特化則第43条，電離則第38条及び粉じん則第27条のほか労働安全衛生法令に定める呼吸用保護具のうち P-PAPR については，粉じん等の種類及び作業内容に応じ，令和5年厚生労働省告示第88号による改正後の電動ファン付き呼吸用保護具の規格（平成26年厚生労働省告示第455号。以下「改正規格」という。）第2条第4項及び第5項のいずれかの区分に該当するものを使用すること。

(3) 防じんマスクを選択する際は，次の事項について留意の上，防じんマスクの性能等が記載されている取扱説明書等を参考に，それぞれの作業に適した防じんマスクを選択するすること。

ア 粉じん等の有害性が高い場合又は高濃度ばく露のおそれがある場合は，できるだけ粒子捕集効率が高いものであること。

イ 粉じん等とオイルミストが混在する場合には，区分が L タイプ（RL3，RL2，RL1，DL3，DL2及び DL1）の防じんマスクであること。

ウ 作業内容，作業強度等を考慮し，防じんマスクの重量，吸気抵抗，排気抵抗等が当該作業に適したものであること。特に，作業強度が高い場合にあっては，P-PAPR，送気マスク等，吸気抵抗及び排気抵抗の問題がない形式の呼吸用保護具の使用を検討すること。

(4) P-PAPR を選択する際は，次の事項について留意の上，P-PAPR の性能が記載されている取扱説明書等を参考に，それぞれの作業に適した P-PAPR を選択すること。

ア 粉じん等の種類及び作業内容の区分並びにオイルミスト等の混在の有無の区分のうち，複数の性能の P-PAPR を使用することが可能（別表5参照）であっても，作業環境中の粉じん等の種類，作業内容，粉じん等の発散状況，作業時のばく露の危険性の程度等を考慮した上で，適切なものを選択すること。

イ 粉じん等とオイルミストが混在する場合には，区分が L タイプ（PL3，PL2及び PL1）のろ過材を選択すること。

ウ 着用者の作業中の呼吸量に留意して，「大風量形」又は「通常風量形」を選択すること。

エ 粉じん等に対して有効な防護性能を有するものの範囲で，作業内容を考慮して，呼吸用インタフェース（全面形面体，半面形面体，フード又はフェイスシールド）について適するものを選択すること。

2 防じんマスク及び P-PAPR の使用

(1) ろ過材の交換時期については，次の事項に留意すること。

ア ろ過材を有効に使用できる時間は，作業環境中の粉じん等の種類，粒径，発散状況，濃度等の影響を受けるため，これらの要因を考慮して設定する必要があること。なお，吸気抵抗上昇値が高いものほど目詰まりが早く，短時間で息苦しくなる場合があるので，作業時間を考慮すること。

イ 防じんマスク又は P-PAPR の使用中に息苦しさを感じた場合には，ろ過材を交換すること。オイルミストを捕集した場合は，固体粒子の場合とは異なり，ほとんど吸気抵抗上昇がない。ろ過材の種類によっては，多量のオイルミストを捕集すると，粒子捕集効率が低下するものもあるので，

製造者の情報に基づいてろ過材の交換時期を設定すること。

ウ　砒ひ素，クロム等の有害性が高い粉じん等に対して使用したろ過材は，1回使用するごとに廃棄すること。また，石綿，インジウム等を取り扱う作業で使用したろ過材は，そのまま作業場から持ち出すことが禁止されているので，1回使用するごとに廃棄すること。

エ　使い捨て式防じんマスクにあっては，当該マスクに表示されている使用限度時間に達する前であっても，息苦しさを感じる場合，又は著しい型くずれを生じた場合には，これを廃棄し，新しいものと交換すること。

(2) 粉じん則第27条では，ずい道工事における呼吸用保護具の使用が義務付けられている作業が決められており，P-PAPR の使用が想定される場合もある。しかし，「雷管取扱作業」を含む坑内作業での P-PAPR の使用は，漏電等による爆発の危険がある。このような場合は爆発を防止するために防じんマスクを使用する必要があるが，面体形の P-PAPR は電動ファンが停止しても防じんマスクと同等以上の防じん機能を有することから，「雷管取扱作業」を開始する前に安全な場所で電池を取り外すことで，使用しても差し支えないこと（平成26年11月28日付け基発1128第12号「電動ファン付き呼吸用保護具の規格の適用等について」）とされていること。

第3　防毒マスク及び G-PAPR の選択及び使用に当たっての留意事項

1　防毒マスク及び G-PAPR の選択及び使用

(1) 防毒マスクは，検定則第14条の規定に基づき，吸収缶（ハロゲンガス用，有機ガス用，一酸化炭素用，アンモニア用及び亜硫酸ガス用のものに限る。）及び面体ごとに付されている型式検定合格標章により，型式検定合格品であることを確認すること。この場合，吸収缶と面体に付される型式検定合格標章は，型式検定合格番号が同一となる組合せが適切な組合せであり，当該組合せで使用して初めて型式検定に合格した防毒マスクとして有効に機能するものであること。ただし，吸収缶については，単独で型式検定を受けることが認められているため，型式検定合格番号が異なっている場合があるため，製品に添付されている取扱説明書により，使用できる組合せであることを確認すること。なお，ハロゲンガス，有機ガス，一酸化炭素，アンモニア及び亜硫酸ガス以外の有毒ガス等に対しては，当該有毒ガス等に対して有効な吸収缶を使用すること。なお，これらの吸収缶を使用する際は，日本産業規格 T8152「防毒マスク」に基づいた吸収缶を使用すること又は防毒マスクの製造者，販売業者又は輸入業者（以下「製造者等」という。）に問い合わせること等により，適切な吸収缶を選択する必要があること。

(2) G-PAPR は，令和5年厚生労働省令第29号による改正後の検定則第14条の規定に基づき，電動ファン，吸収缶（ハロゲンガス用，有機ガス用，アンモニア用及び亜硫酸ガス用のものに限る。）及び面体ごとに付されている型式検定合格標章により，型式検定合格品であることを確認すること。この場合，電動ファン，吸収缶及び面体に付される型式検定合格標章は，型式検定合格番号が同一となる組合せが適切な組合せであり，当該組合せで使用して初めて型式検定に合格した G-PAPR として有効に機能するものであること。なお，ハロゲンガス，有機ガス，アンモニア及び亜硫酸ガス以外の有毒ガス等に対しては，当該有毒ガス等に対して有効な吸収缶を使用すること。なお，これらの吸収缶を使用する際は，日本産業規格 T 8154「有毒ガス用電動ファン付き呼吸用保護具」に基づいた吸収缶を使用する又は G-PAPR の製造者等に問い合わせるなどにより，適切な吸収缶を選択する必要があること。

(3) 有機則第33条，四アルキル鉛則第2条，特化則第38条の13第1項のほか労働安全衛生法令に定める呼吸用保護具のうち G-PAPR については，粉じん又は有毒ガス等の種類及び作業内容に応じ，改正規格第2条第1項表中の面体形又はルーズフィット形を使用すること。

(4) 防毒マスク及びG-PAPRを選択する際は，次の事項について留意の上，防毒マスクの性能が記載されている取扱説明書等を参考に，それぞれの作業に適した防毒マスク及びG-PAPRを選択すること。

ア　作業環境中の有害物質（防毒マスクの規格（平成2年労働省告示第68号）第1条の表下欄及び改正規格第1条の表下欄に掲げる有害物質をいう。）の種類，濃度及び粉じん等の有無に応じて，面体及び吸収缶の種類を選ぶこと。

イ　作業内容，作業強度等を考慮し，防毒マスクの重量，吸気抵抗，排気抵抗等が当該作業に適したものを選ぶこと。

ウ　防じんマスクの使用が義務付けられている業務であっても，近くで有毒ガス等の発生する作業等の影響によって，有毒ガス等が混在する場合には，改めて作業環境の評価を行い，有効な防じん機能を有する防毒マスク，防じん機能を有するG-PAPR又は給気式呼吸用保護具を使用すること。

エ　吹付け塗装作業等のように，有機溶剤の蒸気と塗料の粒子等の粉じんとが混在している場合については，有効な防じん機能を有する防毒マスク，防じん機能を有するG-PAPR又は給気式呼吸用保護具を使用すること。

オ　有毒ガス等に対して有効な防護性能を有するものの範囲で，作業内容について，呼吸用インタフェース（全面形面体，半面形面体，フード又はフェイスシールド）について適するものを選択すること。

(5) 防毒マスク及びG-PAPRの吸収缶等の選択に当たっては，次に掲げる事項に留意すること。

ア　要求防護係数より大きい指定防護係数を有する防毒マスクがない場合は，必要な指定防護係数を有するG-PAPR又は給気式呼吸用保護具を選択すること。また，対応する吸収缶の種類がない場合は，第1の4(1)の要求防護係数より高い指定防護係数を有する給気式呼吸用保護具を選択すること。

イ　防毒マスクの規格第2条及び改正規格第2条で規定する使用の範囲内で選択すること。ただし，この濃度は，吸収缶の性能に基づくものであるので，防毒マスク及びG-PAPRとして有効に使用できる濃度は，これより低くなることがあること。

ウ　有毒ガス等と粉じん等が混在する場合は，第2に記載した防じんマスク及びP-PAPRの種類の選択と同様の手順で，有毒ガス等及び粉じん等に適した面体の種類及びろ過材の種類を選択すること。

エ　作業環境中の有毒ガス等の濃度に対して除毒能力に十分な余裕のあるものであること。なお，除毒能力の高低の判断方法としては，防毒マスク，G-PAPR，防毒マスクの吸収缶及びG-PAPRの吸収缶に添付されている破過曲線図から，一定のガス濃度に対する破過時間（吸収缶が除毒能力を喪失するまでの時間。以下同じ。）の長短を比較する方法があること。

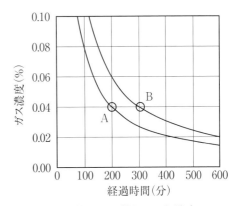

例えば，次の図に示す吸収缶A及び吸収缶Bの破過曲線図では，ガス濃度0.04%の場合を比べると，破過時間は吸収缶Aが200分，吸収缶Bが300分となり，吸収缶Aに比べて吸収缶Bの除毒能力が高いことがわかること。

オ　有機ガス用防毒マスク及び有機ガス用G-PAPRの吸収缶は，有機ガスの種類により防毒マスクの規格第7条及び改正規格第7条に規定される除毒能力試験の試験用ガス（シクロヘキサン）と異

なる破過時間を示すので，対象物質の破過時間について製造者に問い合わせること。

カ　メタノール，ジクロロメタン，二硫化炭素，アセトン等に対する破過時間は，防毒マスクの規格第7条及び改正規格第7条に規定される除毒能力試験の試験用ガスによる破過時間と比べて著しく短くなるので注意すること。この場合，使用時間の管理を徹底するか，対象物質に適した専用吸収缶について製造者に問い合わせること。

(6) 有毒ガス等が粉じん等と混在している作業環境中では，粉じん等を捕集する防じん機能を有する防毒マスク又は防じん機能を有する G-PAPR を選択すること。その際，次の事項について留意すること。

ア　防じん機能を有する防毒マスク及び G-PAPR の吸収缶は，作業環境中の粉じん等の種類，発散状況，作業時のばく露の危険性の程度等を考慮した上で，適切な区分のものを選ぶこと。なお，作業環境中に粉じん等に混じってオイルミスト等が存在する場合にあっては，試験粒子にフタル酸ジオクチルを用いた粒子捕集効率試験に合格した防じん機能を有する防毒マスク（L3，L2，L1）又は防じん機能を有する G-PAPR（PL3，PL2，PL1）を選ぶこと。また，粒子捕集効率が高いほど，粉じん等をよく捕集できること。

イ　吸収缶の破過時間に加え，捕集する作業環境中の粉じん等の種類，粒径，発散状況及び濃度が使用限度時間に影響するので，これらの要因を考慮して選択すること。なお，防じん機能を有する防毒マスク及び防じん機能を有する G-PAPR の吸収缶の取扱説明書には，吸気抵抗上昇値が記載されているが，これが高いものほど目詰まりが早く，より短時間で息苦しくなることから，使用限度時間は短くなること。

ウ　防じん機能を有する防毒マスク及び防じん機能を有する G-PAPR の吸収缶のろ過材は，一般に粉じん等を捕集するに従って吸気抵抗が高くなるが，防毒マスクの S3，S2 又は S1 のろ過材（G-PAPR の場合は PL3，PL2，PL1 のろ過材）では，オイルミスト等が堆積した場合に吸気抵抗が変化せずに急激に粒子捕集効率が低下するものがあり，また，防毒マスクの L3，L2 又は L1 のろ過材（G-PAPR の場合は PL3，PL2，PL1 のろ過材）では，多量のオイルミスト等の堆積により粒子捕集効率が低下するものがあるので，吸気抵抗の上昇のみを使用限度の判断基準にしないこと。

(7) 2種類以上の有毒ガス等が混在する作業環境中で防毒マスク又は G-PAPR を選択及び使用する場合には，次の事項について留意すること。

①作業環境中に混在する2種類以上の有毒ガス等についてそれぞれ合格した吸収缶を選定すること。

②この場合の吸収缶の破過時間は，当該吸収缶の製造者等に問い合わせること。

2　防毒マスク及び G-PAPR の吸収缶

(1) 防毒マスク又は G-PAPR の吸収缶の使用時間については，次の事項に留意すること。

ア　防毒マスク又は G-PAPR の使用時間について，当該防毒マスク又は GPAPR の取扱説明書等及び破過曲線図，製造者等への照会結果等に基づいて，作業場所における空気中に存在する有毒ガス等の濃度並びに作業場所における温度及び湿度に対して余裕のある使用限度時間をあらかじめ設定し，その設定時間を限度に防毒マスク又は G-PAPR を使用すること。使用する環境の温度又は湿度によっては，吸収缶の破過時間が短くなる場合があること。例えば，有機ガス用防毒マスクの吸収缶及び有機ガス用 G-PAPR の吸収缶は，使用する環境の温度又は湿度が高いほど破過時間が短くなる傾向があり，沸点の低い物質ほど，その傾向が顕著であること。また，一酸化炭素用防毒マスクの吸収缶は，使用する環境の湿度が高いほど破過時間が短くなる傾向にあること。

イ　防毒マスク，G-PAPR，防毒マスクの吸収缶及び G-PAPR の吸収缶に添付されている使用時間記録カード等に，使用した時間を必ず記録し，使用限度時間を超えて使用しないこと。

ウ　着用者の感覚では，有毒ガス等の危険性を感知できないおそれがあるので，吸収缶の破過を知る

ために，有毒ガス等の臭いに頼るのは，適切ではないこと。

エ　防毒マスク又は G-PAPR の使用中に有毒ガス等の臭気等の異常を感知した場合は，速やかに作業を中止し避難するとともに，状況を保護具着用管理責任者等に報告すること。

オ　一度使用した吸収缶は，破過曲線図，使用時間記録カード等により，十分な除毒能力が残存していることを確認できるものについてのみ，再使用しても差し支えないこと。ただし，メタノール，二硫化炭素等破過時間が試験用ガスの破過時間よりも著しく短い有毒ガス等に対して使用した吸収缶は，吸収缶の吸収剤に吸着された有毒ガス等が時間とともに吸収剤から微量ずつ脱着して面体側に漏れ出してくることがあるため，再使用しないこと。

第4　呼吸用保護具の保守管理上の留意事項

1　呼吸用保護具の保守管理

(1) 事業者は，ろ過式呼吸用保護具の保守管理について，取扱説明書に従って適切に行わせるほか，交換用の部品（ろ過材，吸収缶，電池等）を常時備え付け，適時交換できるようにすること。

(2) 事業者は，呼吸用保護具を常に有効かつ清潔に使用するため，使用前に次の点検を行うこと。

ア　吸気弁，面体，排気弁，しめひも等に破損，亀裂又は著しい変形がないこと。

イ　吸気弁及び排気弁は，弁及び弁座の組合せによって機能するものであることから，これらに粉じん等が付着すると機能が低下することに留意すること。なお，排気弁に粉じん等が付着している場合には，相当の漏れ込みが考えられるので，弁及び弁座を清掃するか，弁を交換すること。

ウ　弁は，弁座に適切に固定されていること。また，排気弁については，密閉状態が保たれていること。

エ　ろ過材及び吸収缶が適切に取り付けられていること。

オ　ろ過材及び吸収缶に水が侵入したり，破損（穴あき等）又は変形がないこと。

カ　ろ過材及び吸収缶から異臭が出ていないこと。

キ　ろ過材が分離できる吸収缶にあっては，ろ過材が適切に取り付けられていること。

ク　未使用の吸収缶にあっては，製造者が指定する保存期限を超えていないこと。また，包装が破損せず気密性が保たれていること。

(3) ろ過式呼吸用保護具を常に有効かつ清潔に保持するため，使用後は粉じん等及び湿気の少ない場所で，次の点検を行うこと。

ア　ろ過式呼吸用保護具の破損，亀裂，変形等の状況を点検し，必要に応じ交換すること。

イ　ろ過式呼吸用保護具及びその部品（吸気弁，面体，排気弁，しめひも等）の表面に付着した粉じん，汗，汚れ等を乾燥した布片又は軽く水で湿らせた布片で取り除くこと。なお，著しい汚れがある場合の洗浄方法，電気部品を含む箇所の洗浄の可否等については，製造者の取扱説明書に従うこと。

ウ　ろ過材の使用に当たっては，次に掲げる事項に留意すること。

①ろ過材に付着した粉じん等を取り除くために，圧搾空気等を吹きかけたり，ろ過材をたたいたりする行為は，ろ過材を破損させるほか，粉じん等を再飛散させることとなるので行わないこと。

②取扱説明書等に，ろ過材を再使用すること（水洗いして再使用することを含む。）ができる旨が記載されている場合は，再使用する前に粒子捕集効率及び吸気抵抗が当該製品の規格値を満たしていることを，測定装置を用いて確認すること。

(4) 吸収缶に充填されている活性炭等は吸湿又は乾燥により能力が低下するものが多いため，使用直前まで開封しないこと。また，使用後は上栓及び下栓を閉めて保管すること。栓がないものにあっては，密封できる容器又は袋に入れて保管すること。

(5) 電動ファン付き呼吸用保護具の保守点検に当たっては，次に掲げる事項に留意すること。

ア　使用前に電動ファンの送風量を確認することが指定されている電動ファン付き呼吸用保護具は，

製造者が指定する方法によって使用前に送風量を確認すること。

イ　電池の保守管理について，充電式の電池は，電圧警報装置が警報を発する等，製造者が指定する状態になったら，再充電すること。なお，充電式の電池は，繰り返し使用していると使用時間が短くなることを踏まえて，電池の管理を行うこと。

(6)　点検時に次のいずれかに該当する場合には，ろ過式呼吸用保護具の部品を交換し，又はろ過式呼吸用保護具を廃棄すること。

ア　ろ過材については，破損した場合，穴が開いた場合，著しい変形を生じた場合又はあらかじめ設定した使用限度時間に達した場合。

イ　吸収缶については，破損した場合，著しい変形が生じた場合又はあらかじめ設定した使用限度時間に達した場合。

ウ　呼吸用インタフェース，吸気弁，排気弁等については，破損，亀裂若しくは著しい変形を生じた場合又は粘着性が認められた場合。

エ　しめひもについては，破損した場合又は弾性が失われ，伸縮不良の状態が認められた場合。

オ　電動ファン（又は吸気補助具）本体及びその部品（連結管等）については，破損，亀裂又は著しい変形を生じた場合。

カ　充電式の電池については，損傷を負った場合若しくは充電後においても極端に使用時間が短くなった場合又は充電ができなくなった場合。

(7)　点検後，直射日光の当たらない，湿気の少ない清潔な場所に専用の保管場所を設け，管理状況が容易に確認できるように保管すること。保管の際，呼吸用インタフェース，連結管，しめひも等は，積み重ね，折り曲げ等によって，亀裂，変形等の異常を生じないようにすること。

(8)　使用済みのろ過材，吸収缶及び使い捨て式防じんマスクは，付着した粉じんや有毒ガス等が再飛散しないように容器又は袋に詰めた状態で廃棄すること。

第5　製造者等が留意する事項

ろ過式呼吸用保護具の製造者等は，次の事項を実施するよう努めること。

①ろ過式呼吸用保護具の販売に際し，事業者等に対し，当該呼吸用保護具の選択，使用等に関する情報の提供及びその具体的な指導をすること。

②ろ過式呼吸用保護具の選択，使用等について，不適切な状態を把握した場合には，これを是正するように，事業者等に対し指導すること。

③ろ過式呼吸用保護具で各々の規格に適合していないものが認められた場合には，使用する労働者の健康障害防止の観点から，原因究明や再発防止対策と並行して，自主回収やホームページ掲載による周知など必要な対応を行うこと。

別紙1（略）

別紙2（略）

別紙3（略）

別紙4（略）

別表5　粉じん等の種類及び作業内容に応じて選択可能な防じんマスク及び防じん機能を有する電動ファン付き呼吸用保護具

（略）

別表5　粉じん等の種類及び作業内容に応じて選択可能な防じんマスク及び防じん機能を有する電動ファン付き呼吸用保護具

○　鉛則第58条，特化則第38条の21，特化則第43条及び粉じん則第27条 　金属のヒューム（溶接ヒュームを含む。）を発散する場所における作業において使用する防じんマスク及び防じん機能を有する電動ファン付き呼吸用保護具（※1）	混在しない	取替え式	全面形面体	RS3，RL3，RS2，RL2
			半面形面体	RS3，RL3，RS2，RL2
		使い捨て式		DS3，DL3，DS2，DL2
	混在する	取替え式	全面形面体	RL3，RL2
			半面形面体	RL3，RL2
		使い捨て式		DL3，DL2

※1：防じん機能を有する電動ファン付き呼吸用保護具のろ過材は，粒子捕集効率が95パーセント以上であればよい

参考文献

[1] 日本溶接協会安全衛生・環境委員会：溶接安全衛生マニュアル，産報出版（2002）

[2] 日本溶接協会監修：アーク溶接粉じん対策教本，産報出版（2019）

[3] 日本溶接協会監修：新版 アーク溶接技能者教本，産報出版（2020）

[4] WES9009-1　溶接，熱切断及び関連作業における安全衛生　第1部：一般，日本溶接協会（2023）

[5] WES9009-2　溶接，熱切断及び関連作業における安全衛生　第2部：ヒューム及びガス，日本溶接協会（2022）

[6] WES9009-3　溶接，熱切断及び関連作業における安全衛生　第3部：有害光，日本溶接協会（2020）

[7] WES9009-4　溶接，熱切断及び関連作業における安全衛生　第4部：電撃及び高周波ノイズ，日本溶接協会（2016）

[8] WES9009-5　溶接，熱切断及び関連作業における安全衛生　第5部：火災及び爆発，日本溶接協会（2019）

[9] WES9009-6　溶接，熱切断及び関連作業における安全衛生　第6部：熱，騒音及び振動，日本溶接協会（2019）

金属アーク溶接等作業主任者テキスト
特定化学物質障害予防規則対応

2024 年 3 月 1 日　初版第 1 刷発行

編　　　者　一般社団法人 日本溶接協会 安全衛生・環境委員会
発 行 者　久木田　裕
発 行 所　産報出版株式会社
　　　　　　〒 101-0025　東京都千代田区神田佐久間町 1-11
　　　　　　TEL03-3258-6411　　FAX03-3258-6430
　　　　　　ホームページ　https://www.sanpo-pub.co.jp/
印刷・製本　株式会社広済堂ネクスト